让孩子爱上

蔬菜

甘智荣 ◎ 主编

U0298958

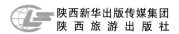

陕西新华出版传媒集团

陕西旅游出版社

第二章
叶菜类

第三章
根茎类

第四章
花菜类、豆菜类、芽苗类

第五章
瓜茄类

第六章
菌菇类

饮食宝塔图

PART 1

孩子身体棒
蔬菜立大功

蔬菜是我们的身体每日都需要摄取的食物之一，但是许多孩子会"闻菜色变"，吃饭时只喜欢吃肉，不喜欢吃蔬菜，这可把爸爸妈妈们愁坏了。为什么孩子必须吃蔬菜呢？下面给大家分析一下。

这些是蔬菜之"最"

含蛋白质最多——口蘑

每 100 克口蘑中含有 38.7 克的蛋白质，其氨基酸组成比例也非常接近人体氨基酸组成比例。除此之外，口蘑还是含有多种矿物质、维生素和多糖等营养成分的健康食品。

含膳食纤维最多——银耳

每 100 克干银耳中含有 30.4 克的膳食纤维。膳食纤维可以促进肠道蠕动，治疗便秘和预防肠癌。银耳中还含有人体必需的 17 种氨基酸和多种矿物质。

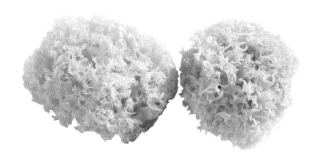

含水分最多——冬瓜

冬瓜是水分含量最多的蔬菜，100 克冬瓜中含有 96.6 克的水分，因此冬瓜的热量极低，100 克冬瓜只有 11 千卡的热量。

含维生素 A 最多——豆瓣菜

豆瓣菜又叫西洋菜，多见于中国南方。每 100 克西洋菜中含有 1592 微克维生素 A。维生素 A 又叫视黄醇，可以帮助儿童维持正常视力，促进骨骼正常生长发育。

含维生素 C 最多——小红辣椒

小红辣椒是蔬菜中维生素 C 含量最多的。每 100 克小红辣椒中含有 144 毫克维生素 C，但因为小红辣椒含有的辣椒素很多，不适合儿童食用，所以可以用没有辣味的柿子椒来代替。

蔬菜的营养功效不容忽视

俗话说"三天不吃青，眼睛冒金星"，是指几天不吃蔬菜，身体便觉不适。当人体出现酸碱失调，需要碱性食物的时候，便出现想吃蔬菜的欲望，这就是这句民谚所指示的实质了。

蔬菜的营养不可低估。众所周知，蔬菜可提供人体所必需的多种维生素和矿物质。蔬菜中含有的多种植物化学物质，是人们公认的对健康有益的成分，如类胡萝卜素、二丙烯化合物、甲基硫化合物等。目前，蔬菜中含有可以有效预防慢性、退行性疾病的多种物质，正在被人们研究发现。

据估计，目前世界上有 20 多亿或更多的人受到环境污染而引起多种疾病，如何解决因环境污染产生大量氧自由基的问题，日益受到人们关注。解决这个问题的有效办法之一，是在食物中增加抗氧化剂，协同机体排除有破坏性的活性氧、活性氮。研究发现，蔬菜中有许多维生素、矿物微量元素以及相关的植物化学物质、酶等，都是有效的抗氧化剂，所以蔬菜不仅是低糖、低盐、低脂的健康食物，同时还能有效地减轻环境污染对人体的损害。

 # 孩子需要吃蔬菜

　　电子产品散发的蓝光会使人眼睛内的黄斑区毒素量增高，严重威胁眼睛的健康，多补充富含叶黄素的蔬菜（如菠菜、芥蓝菜、红薯叶等）、玉米黄素的蔬菜（如玉米、南瓜等），可以抵抗蓝光及紫外线的伤害，可以保护孩子的视力。

　　另外，蔬菜可以维持孩子的肠道健康以及身体机能，这几年大肠癌及糖尿病患者呈现低龄化的趋势，常常见到年轻的糖尿病患者，他们大部分人的蔬菜摄取量普遍不足。蔬菜的摄入能降低身体的发炎反应、慢性疾病（大肠癌、糖尿病）及高血压的发生率。

　　近些年来，不管是《中国居民膳食指南》还是《美国居民膳食指南》都在强调多吃粗粮谷物、蔬菜水果的重要性。在 2016 年"中国居民平衡膳食宝塔图"中，位于底层的是谷类食物，蔬菜和水果位于第二层，蔬菜每人每天建议的摄入量为300 ～ 500 克，水果为 200 ～ 350 克。由此可见，蔬菜在孩子每天的饮食中是极其重要的。

健康无毒吃蔬菜

蔬菜是家庭日常饮食中必不可少的食物，由于一些蔬菜本身就含有一定的毒素，或者在生长过程中被大量施用化肥、农药，因此市场上的大部分蔬菜都或多或少地带有毒素，烹饪前就需要去毒。

虫子都喜欢吃带叶的蔬菜，像小白菜、油麦菜、萝卜叶等，这些叶菜很对虫子的胃口，所以农药残留相对其他蔬菜肯定会多。现在很多菜市场小贩的菜来源不明，很多时候都买不到新鲜的菜，蔬菜的农药残留更让人担心。

也有一些人认为，只要上面带有虫洞，施用农药肯定会少些，也就比较安全。其实，随着农药的大量推广使用，害虫的抗药性也越来越强，并且有些农药非但阻止不了虫子，反而对人的健康会产生一定的危害。因此就算对有虫洞的蔬菜也不能掉以轻心。

记得去掉菜梗哦！

蔬菜的菜帮和菜蒂是蔬菜部位中农药最多的。像上海青、大白菜靠近根部的菜梗，甜椒、尖椒把连着的凹陷部位，农药残留比其他部位多，吃的时候最好切掉。那为什么蔬菜上的农药残留总积聚在这些地方呢？首先，带菜梗的叶菜，在喷药时因重力作用，农药会顺着茎干流下来，聚在菜梗底部；其次，菜梗离地面近，因风吹日晒造成的农药减少或分解的几率比较小，因此菜梗上的农药残留就更加顽固一些。而带蒂的甜椒、尖椒、青椒等，虽然是挂着的，但依然遵循这个规律，喷药时自上而下，所以在蒂部会积累许多农药。因此，在我们食用带帮或带蒂的蔬菜时，最好把这些部位切掉再吃。

 孩子不爱吃蔬菜

挑食

能够接受各种类别的食物，包括蔬菜类，但是不吃一两种特定的食物，这属于轻度挑食。可尝试改变食物的烹饪方式，将食物变得好吃，就有可能被孩子所接受，持续尝试，孩子就会渐渐地不挑食了。

偏食

中度挑食也就是偏食。偏食是对某一类食物完全拒绝，比如蔬菜类，对其会产生恐惧的情绪。这种状况则需要医护人员的介入，因为长期偏食有可能导致孩子营养不足。

食物"恐新症"

孩子对于新的或不熟悉的食物，不敢或不愿意尝试，这就是食物"恐新症"。其原因有可能是爸爸妈妈本身平时就不吃某些食物，导致孩子没有机会接触到这些食物，这样孩子就获取不到该食物的营养了，十分可惜。

在饮食上下功夫

改善五感感受

家长可以通过分别改善孩子在饮食上视觉、听觉、嗅觉、味觉、触觉的感受，改变他们对不喜欢的食物的感受，从而实现改善孩子饮食习惯的目的。

视觉

一是孩子讨厌该食物本身的样子，二是孩子不喜欢烹饪后食材的样子。

可以通过改变料理的色彩搭配（搭配颜色漂亮的食材或淋上酱汁）、改变食材的形状（改变切法或者使用模具，可以做成孩子喜欢的模样，例如五角星、花朵、小动物等）、搭配惹人喜爱的盛具来让孩子感到赏心悦目，从而愿意去吃原本不喜欢的蔬菜。

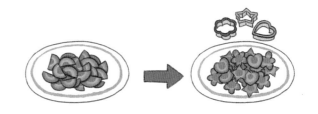

听觉

现今在外面吃饭，许多餐厅都会为顾客播放音乐。音乐能够影响吃饭的速度及用餐的体验。在家吃饭时，最好不要播放电视，在餐桌上家长也最好不要念叨或训斥孩子，尽可能地为孩子营造愉悦、合宜的用餐环境。

嗅觉

有的蔬菜的气味比较重，烹饪前可以对其做一些相应的处理，以降低食材原有的孩子不喜欢的气味，或者是加一些香料。例如在烹调洋葱前，可以先将其浸入冰水，以去其辛辣，或做炖煮料理，只留其甜味。

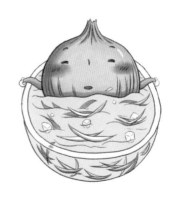

味觉

孩子不太喜欢的味道一般有苦味、辣味、生味、腥味。可以将食材切碎、切细，让其味道不要那么明显，或者加入孩子喜欢的食材一起烹调等等。例如将苦瓜切片后用开水焯烫一下再烹炒，能降低其苦味。

触觉

这与孩子口腔功能的发育有关系。有的蔬菜经过烹饪后太软烂了，比如煮过的茄子，可以改变烹饪方式，将其清炸或焗烤；有的蔬菜吃起来黏黏的，比如秋葵，可以将其做成果冻；还有的口感太硬了，孩子嚼不动等等。家长可以根据不同的情况，对食材的质地口感做相应的处理。

给孩子时间去接受

对于孩子的食物"恐新症"，父母要给孩子接受陌生食材的时间，这是需要过程的，不要想着一蹴而就，让孩子立刻就能喜欢上陌生的食材。可以让孩子隔几天尝试一次，变化着烹饪方式，找到孩子能接受甚至喜欢的方式。相关研究表明，对于一种食材，孩子平均尝试 15 次就能够接受了，有的要尝试更多次才行，当然每个孩子的情况不一样，有的接受得快，有的则慢。当孩子不愿尝试新的食物时，父母不要灰心，多给他尝试的机会，烹饪上多做些变化，给孩子一些时间去接受。

将讨厌的蔬菜掺杂在喜欢的食物中

可以把不同的食材混合在一起，避免孩子挑着吃。如果孩子很喜欢吃猪肉丸子，不喜欢吃大白菜，那么就把大白菜剁碎混合进猪肉丸子里，孩子就能吃到大白菜了。告诉孩子这种好吃的食物里有大白菜，在孩子脑海中形成大白菜也很好吃的印象。

学会倾听孩子的声音

了解孩子内心的想法是很重要的，孩子不喜欢吃某种蔬菜，询问他讨厌的原因十分有必要。如果孩子讨厌蔬菜的形状，那么就改变蔬菜的切法；如果孩子不喜欢蔬菜的口感，那么就改变其烹饪方式。"对症下药"比较奏效。

进食顺序的调整

对于不喜欢吃蔬菜的孩子，在吃饭时家长可以先给他吃蔬菜，这样比较容易使他接受，因为孩子在饥饿的状态下往往较容易接受所给的食物。

言传不如身教

孩子的行为会受到家长的影响，饮食习惯当然也包括在内。家长首先应当为孩子做好榜样，多吃蔬菜，而且表现出吃得很香的样子。另外，应该避免在孩子面前讨论自己不喜欢吃什么蔬菜等话题，要多跟孩子提及吃蔬菜的好处，孩子吃了蔬菜要及时表扬和鼓励。

多观察孩子有无不良反应

有一种特殊情况需要提到，孩子不吃某种食物，也有可能是孩子对该食物过敏或者会产生其它不良反应，例如胀气等。家长应该多观察孩子用餐前后的状况，辨别是否为食物不耐或者急性、慢性过敏等。

亲近蔬菜朋友

了解蔬菜的小知识

孩子也许经常会有这样的问题冒出，如"妈妈，马铃薯为什么叫马铃薯呢？"爸爸妈妈可不要忽视这些小疑问。可以跟孩子讲讲各种蔬菜的起源、相关的饮食文化以及趣闻等小知识，增长孩子的见闻，激发孩子对蔬菜的兴趣。方式有许多，比如读故事、访产地等，应多多鼓励孩子提出问题。

认识蔬菜的种类

每种蔬菜都有其不同的种类，例如茄子有矮茄、长茄、圆茄等种类，它们的形态、口感各不相同，适合做的料理也不同。让孩子认识一些不同的种类，看看它们的形态各有什么特点，也是一种乐趣。

读读小故事

爸爸妈妈可以带孩子一起读读有趣的绘本故事，那些以蔬菜为主题的小故事，能够激发孩子的想象力；生动活泼的图画及爸妈的口述引导，可以让孩子跟着蔬菜们一起经历一段有趣的旅程，从而激发孩子对蔬菜的喜爱。

设计有趣的游戏

孩子一般都喜欢玩游戏，爸爸妈妈可以充分发挥想象力，结合艺术、科学等领域，设计一些和蔬菜相关的小游戏，让孩子在愉悦的氛围中自然地提升对蔬菜的好感。

一起种蔬菜

可以在家里和孩子一起种植一些蔬菜，比如香菜、大葱等，让孩子了解蔬菜是如何慢慢长大的。孩子不仅能从中收获满满的乐趣，获得知识，也能自然地感知到餐盘中食材的来之不易，从而学会珍惜食物。

一起去买菜

家长可以带着孩子一起去买菜，在琳琅满目的各色蔬菜中，和孩子一起挑选蔬菜带回家，孩子对于自己亲自挑选的食材会带有强烈的情感，对于用其制作出来的料理会更加喜欢吃哦。

一起下厨房

家长在做孩子不喜欢吃的蔬菜时，可以让孩子参与进来，做一些简单的厨事，孩子对自己参与制作的料理便会有兴致去尝试。另外，爸爸妈妈在吃的时候要多加赞赏，这样孩子会很有成就感，也会吃得更加起劲。让孩子参与厨事不仅能增加孩子尝试菜肴的兴致，也能培养孩子与父母之间的亲情。

PART 2

叶菜类

　　叶菜类是指以肥嫩菜叶、叶柄作为食用部分的蔬菜。这类蔬菜以绿色叶菜为代表，是矿物质、维生素、钙和铁的重要来源。颜色翠绿的叶菜类更能吸引孩子的注意力哦！

白菜 · 鲜嫩多汁的大椭圆

白菜是十字花科芸薹属，学名叫结球白菜，俗称黄芽菜。它营养丰富，柔嫩适口，品质佳，耐贮存。白菜是市场上最常见的、最主要的蔬菜种类，含有丰富的维生素 C、维生素 E，因此有"菜中之王"的美称。而且炖煮后的白菜有助于消化，可通利肠胃，非常适合肠胃不好的孩子。

挑选棒棒的蔬菜

观外形

选购白菜的时候，要看根部切口是否新鲜水嫩。

看颜色

颜色是翠绿色最好，颜色越黄、越白则表示白菜越老。

掂重量

整颗购买时要选择卷叶坚实、有重量感的白菜，同样大小的则应选重量更重的。

摸软硬

拿起来捏捏看，感觉里面是不是实心的，里面越实则白菜越老，所以要买蓬松一点的。

保持蔬菜的新鲜

白菜不能在常温状态下放太久，所以我们要选择好的方法保存它。

通风储存法：如果温度在 0℃以上，可在白菜叶上套上塑料袋，口不用扎，或者从白菜根部套上去，把上口扎好，根朝下竖着放即可。

让蔬菜变干净

白菜不宜直接用清水清洗，因为在表面有很多的农药、化肥残留，可以用食盐清洗法：将白菜一片片剥下来，放在食盐水中浸泡 30 分钟以上，再反复清洗即可。或者淀粉清洗法：将白菜浸泡在清水中，可在水中放适量的淀粉，搅拌均匀之后浸泡 15 ～ 20 分钟，捞出之后用清水冲洗两到三遍即可。

认识这位蔬菜朋友

白菜原产于中国，它可是土生土长的中国蔬菜，后来传到韩国和东南亚一带，欧美只有少量种植。白菜在温差大的地方能汇聚更多的糖分，糖分可以防止它的细胞液在低温下冻结，这是它的自我保护作用。而且，它还有很多层叶片包裹着，不但不怕冷，口感还非常爽脆呢！

卷起来的美味

白菜肉卷

材料

白菜叶 75 克

鸡蛋 1 个

肉末 100 克

盐 1 克

生抽 2 毫升

芝麻油、面粉各适量

做法

1. 将鸡蛋打入碗中调匀，制成蛋液。

2. 锅中注入清水烧开，放入洗净的白菜叶，拌匀，煮至菜叶变软，捞出焯煮好的白菜叶。

3. 取大碗，放入肉末、盐、生抽、蛋液、面粉、芝麻油，拌匀成馅料。

4. 把白菜叶置于砧板上，铺开，放入馅料，将白菜叶卷起，包成白菜卷生坯。

5. 放入蒸盘中上锅蒸熟即可。

温馨提示

小朋友想要吃到肉，就要先吃掉外面包裹着的白菜哦，白菜的清爽与肉香完美结合，再加上独特的造型，孩子会很容易喜欢。

把白菜包在肉里

鸡肉白菜饺

材料

饺子皮 100 克

白菜 100 克

鸡脯肉 250 克

盐 3 克

白糖 8 克

生粉少许

葱花 5 克

做法

1. 将鸡肉洗净，剁蓉；白菜洗净，切碎末；盐、白糖、生粉与鸡肉、白菜一起拌匀成馅料。

2. 取一饺子皮，内放 20 克馅料，将面皮从外向里折拢，将饺子的边缘捏紧，再将面皮捏成花边，即成饺子形生坯，剩余的饺子皮也按此法做。

3. 将包好的饺子入锅煮熟，出锅前撒上葱花即可。

温馨提示

鸡肉与白菜完美搭配，风味佳；白菜被切成碎末与鸡肉混合，不喜欢吃白菜的小朋友也会一起吃下。爸爸妈妈可以提醒小朋友，好吃的饺子里有好吃的白菜，提高小朋友对白菜的好感度。

上海青 · 小花儿也很好看

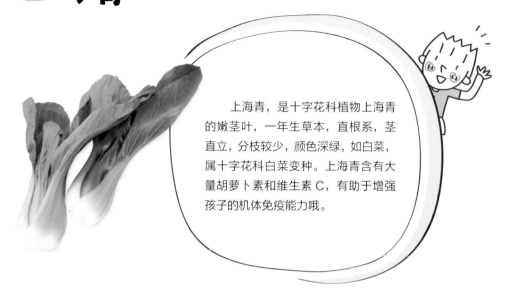

上海青，是十字花科植物上海青的嫩茎叶，一年生草本，直根系，茎直立，分枝较少，颜色深绿，如白菜，属十字花科白菜变种。上海青含有大量胡萝卜素和维生素 C，有助于增强孩子的机体免疫能力哦。

挑选棒棒的蔬菜

观外形

看叶子的长短，叶子长的叫长萁，叶子短的叫矮萁。矮萁的品质较好，口感软糯；长萁的品质较差，纤维多，口感差。

看颜色

叶色淡绿的叫"白叶"，叶色深绿的叫"黑叶"，白叶的品种质量比黑叶好。

保持蔬菜的新鲜

上海青在常温环境下存放过久，容易蔫掉，其营养成分很容易流失。为防止营养的流失，同时为了更好地保存，可采用通风储存法：可以每次只购买 1～2 日的食用量，置于阴凉处保存，可保存 1～2 天。或者用冰箱冷藏法：买回家若不立即烹煮，可用报纸包起，放入塑胶袋中，在冰箱冷藏室中保存，但冷藏不可超过 3 天。

让蔬菜变干净

上海青不宜直接用清水清洗，因为现今的蔬菜上有很多农药化肥残留，比较好的方法是用食盐水浸泡之后再清洗。将上海青叶一片片摘下，放进洗菜盆里，加入清水和食盐，将水搅匀，浸泡大约 5 分钟后用手轻轻抓洗上海青，再将上海青放在流水下冲洗干净后，沥干水分装进盘子里即可。

认识这位蔬菜朋友

上海青在古代的中国称芸薹，东汉服虔所著的《通俗文》中说"芸薹谓之胡菜"。最早种植在当时的"胡、羌、氐"等地，即甘肃、新疆、内蒙古一带，其后逐步在黄河流域种植，后来传播到长江流域一带广为种植。

芸薹谓之胡菜

肉末炒上海青

青菜与肉末混合搭配

材料

肉末 80 克

上海青 100 克

盐 1 克

料酒、生抽、

食用油各适量

做法

1. 将洗净的上海青切成细条，再切成碎末，备用。

2. 炒锅中倒入适量食用油烧热，放入肉末，炒散。

3. 淋入适量料酒、生抽，炒匀提鲜。

4. 再倒入上海青碎翻炒均匀。

5. 加入少许盐，炒匀调味，注入清水焖煮片刻。

6. 关火，将炒好的食材盛出即可。

温馨提示

很多孩子不喜欢吃上海青，那么可以将上海青切成碎末，与肉末混合在一起，这样孩子就不会挑着吃了。

与橙香的完美融合

上海青柳橙汁

 材料

上海青 50 克

柳橙 120 克

柠檬汁少许

做法

1. 将上海青洗净，切段备用。

2. 柳橙去皮，切小块备用。

3. 将上海青段、柳橙块放进榨汁机中，加入柠檬汁。选择"榨汁"功能，搅拌成液体状态后，即可倒入杯中享用。

温馨提示

柳橙的香甜滋味能够成功地让孩子爱上这款蔬果汁；另外，制作中可以先将上海青焯水，以去除其菜腥味。

生菜 · 蔬菜沙拉界之王

生菜是大众化的蔬菜，深受人们喜爱。生菜为菊科，莴苣属，是叶用莴苣的俗称。传入我国的历史较悠久，东南沿海特别是大城市近郊、两广地区栽培较多。生菜含有膳食纤维和维生素C，有消除多余脂肪的作用，能预防儿童肥胖。

挑选棒棒的蔬菜

观外形

挑选生菜时，要选叶片肥厚适中、大小适中的；再看根部，如果中间有突起的苔，说明生菜老了。

看颜色

应挑选松软叶绿、叶质鲜嫩、叶绿梗白且无蔫叶的生菜为最佳。

掂重量

应挑身轻的，这样的生菜才够嫩；如果沉重而结实，说明生菜的生长期过长，这样的生菜质粗糙，吃起来还有苦味，不宜购买。

保持蔬菜的新鲜

生菜如果在常温状态下存放，不能储存很久。为了更好地储存，可采用保鲜膜包裹住洗干净的生菜，切口向下，放在冰箱中冷藏。

让蔬菜变干净

清洗生菜较好的方法是用食盐水清洗。将生菜放进洗菜盆里，注入清水，使生菜完全浸没在水中。加入一勺食盐，轻轻搅拌，让生菜在淡盐水中浸泡约 20 分钟后抓洗一下，将水倒掉后换水清洗即可。

认识这位蔬菜朋友

生菜，顾名思义就是可以生吃的青菜，而在拉丁语中，生菜的名字是由"乳汁"这个词演变而来的，这是因为把生菜切开，会流出像牛奶一样的白色汁液。生菜原产于地中海沿岸，最早是罗马人把生菜做成沙拉来食用。生菜传入中国的时候是隋朝，到唐朝的时候，生菜已经很普遍了。

软绵中的脆感

金枪鱼三明治

材料

吐司片 80 克

熟金枪鱼肉 60 克

生菜 80 克

西红柿 40 克

熟鸡蛋 1 个

洋葱丁 40 克

红椒丁 35 克

沙拉酱 40 克

做法

1. 取一碗，放入熟金枪鱼，加入洋葱丁、红椒丁，将食材压散，倒入沙拉酱拌匀。

2. 将洗好的西红柿切片；将熟鸡蛋切片。

3. 取一盘，放上一片吐司，铺上适量生菜，再在生菜上铺上适量拌好的食材和鸡蛋。

4. 铺上适量生菜，再铺上西红柿片，再放上一片吐司，铺上生菜，放入拌好的食材和鸡蛋，铺上生菜。

5. 再铺上一片吐司，制成三明治。将三明治切去四周，沿着对角线切成三角块即可。

温馨提示

将生菜夹在吐司中，软绵中还有脆脆的口感；三明治的独特形式能让孩子产生去尝试的兴致。

营养丰富

生菜鸡蛋面

 材料

面条 120 克

鸡蛋 1 个

生菜 65 克

葱花少许

盐 2 克

食用油适量

 做法

1. 将鸡蛋打入碗中，打散，制成蛋液。

2. 用油起锅，倒入蛋液，炒至蛋皮状，盛入碗中，备用。

3. 锅中注入适量清水烧开，放入面条，加入盐拌匀。

4. 盖上盖，用中火煮约 2 分钟，揭盖，加入食用油。

5. 放入蛋皮，拌匀，放入洗好的生菜，煮至变软。

6. 盛出煮好的面条，装入碗中，撒上葱花即可。

 温馨提示

生菜是汤面很好的搭配，煮软了的生菜很适合不喜欢生菜本身爽脆口感的小朋友；另外，鸡蛋不宜炒太久，以免影响口感。

爽脆的口感

甜橙生菜沙拉

材料

甜橙 100 克

核桃仁 25 克

生菜 40 克

奶酪碎 20 克

橄榄油适量

做法

1. 甜橙用清水洗净，去掉果皮，将果肉切成瓣。

2. 将生菜洗净，沥干水分后切段。

3. 取一碗，放入生菜和甜橙。

4. 加入适量橄榄油，倒入奶酪碎和核桃仁，拌匀即可。

温馨提示

生菜被经常用在沙拉里，因为它清新爽脆的口感，将其与奶酪、甜橙、核桃仁相搭配，风味独特。

菠菜 · 大力水手也爱吃哦

菠菜又名波斯菜，属藜科菠菜属，一年生草本植物。它是绿叶蔬菜中的佼佼者。菠菜中含有丰富的铁元素，对缺铁性贫血有较好的辅助治疗作用。菠菜中所含的胡萝卜素，在人体内会转变成维生素A，能促进孩子的生长发育。

挑选棒棒的蔬菜

观外形

菠菜要用叶嫩、小棵的，且保留菠菜根。挑选菠菜以菜梗红短，叶子伸张良好，且叶面宽，叶柄短的为好。

看颜色

选购菠菜时，以叶子翠绿色为最好，如叶部有变色现象，则不宜选购。

保持蔬菜的新鲜

菠菜如果存放在常温状态下的时间过长，会造成部分营养的流失，所以最好使用冰箱冷藏：用保鲜膜包好放在冰箱里，一般在2天之内食用可以保证菠菜的新鲜。

让蔬菜变干净

食盐清洗法：将菠菜放进洗菜盆里，倒入淡盐水浸泡 10 分钟左右，捞出冲洗干净，沥干水分即可。

认识这位蔬菜朋友

菠菜原产于波斯国，在两千多年前，菠菜由波斯（现在的伊朗）传到世界各地。在唐朝时期，菠菜传入中国，那时人们叫它"波斯草"。随后欧洲培育出了西洋菠菜，中国培育出了东方菠菜。16 世纪中期，当时叫唐菜、红根菜的菠菜从中国传到了其他国家。

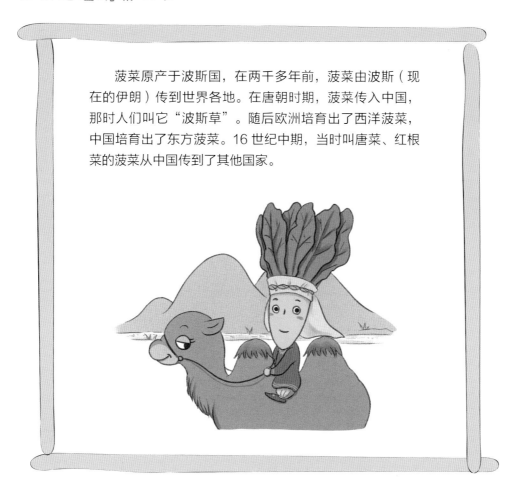

千张菠菜卷

材料

千张 60 克

菠菜 70 克

胡萝卜 50 克

水发黑木耳 40 克

姜片、蒜末、葱段各少许

盐 3 克

芝麻油、水淀粉、食用油各适量

做法

1. 将洗净的菠菜切成碎末；洗好的黑木耳切成细丝；洗净的胡萝卜切成细丝；将千张切成若干张正方块。

2. 锅中注水烧开，放入菠菜焯水，捞出沥干，备用。

3. 油爆姜片、蒜末、葱段，放入黑木耳碎、胡萝卜丝及焯过水的菠菜炒匀，加入盐、芝麻油炒匀。

4. 盛出，制成馅料，取千张，放入适量馅料，包成卷，用水淀粉封口，用中火蒸约 3 分钟取出。

5. 切开两段，装盘即可。

1.4

1.2

1.3

3

4.1

4.2

5

温馨提示

这道菜营养美味、造型新颖好看，很容易让小朋友喜欢。

菠萝来搭配

菠萝菠菜汁

 材料

菠萝 80 克

菠菜 100 克

纯净水 25 毫升

 做法

1. 将菠萝去皮，切小块，用盐水浸泡片刻，备用。

2. 将菠菜洗净，去掉根部，切成小段，焯水后捞出备用。

3. 将准备好的食材放进榨汁机中，加入纯净水，榨取果汁。

 温馨提示

用盐水浸泡菠萝半个小时左右,风味会更佳哦。

一勺满口松子香

橙香果仁菠菜

 材料

菠菜 130 克

橙子 250 克

松子仁 20 克

凉薯 90 克

橄榄油 5 毫升

盐、白糖、食用油各适量

 做法

1. 将洗净去皮的凉薯切碎；择洗好的菠菜切碎；洗净的橙子切厚片，取一个盘子，摆上橙子。

2. 锅中注水大火烧开，倒入凉薯、菠菜，焯煮至断生，将食材捞出放入凉水中，再捞出沥干水分。

3. 热锅注油，倒入松子仁，炒出香味，将其盛出装入盘中；将放凉的食材装入碗中，倒入松子仁。

4. 加入盐、白糖、橄榄油，搅拌匀，将拌好的菜倒入摆好橙子片的盘中即可。

温馨提示

　　橙子与松子的香味为这道菜增添美味。

茼蒿 ·蔬菜也有小故事

茼蒿又名蒿菜，是菊科植物。茼蒿的茎和叶可以同食。茼蒿含有多种氨基酸，有润肺补肝、稳定情绪等作用。它还含有粗纤维，有助于肠道蠕动，从而可以通便利肠，适合肠胃不好的孩子食用。

挑选棒棒的蔬菜

观外形

可从茎短叶茂的茼蒿中挑选茎秆粗细适中的。粗茎而又中空的茼蒿，大多是生长过度，叶子又厚又硬，不宜选购。

看颜色

新鲜茼蒿通体呈深绿色。应舍弃叶子发黄、叶尖开始枯萎乃至发黑收缩的茼蒿。茎秆或切口变褐色，也表明放的时间太久，不新鲜。

保持蔬菜的新鲜

冰箱冷藏法：想要生吃茼蒿的时候，可在水中稍微浸一下，然后放入冰箱以保持鲜嫩。

容器储存法：如果想长期保存，可按每顿用量用保鲜膜包起来，放入密闭容器并冷冻保存，以防变干。

让蔬菜变干净

茼蒿不宜直接用清水清洗，比较实用的是用食盐水、淘米水清洗。

食盐清洗法：将茼蒿直接放在淡盐水中浸泡 10 分钟左右，并轻轻搅拌，捞出后用流水冲洗两到三遍即可。

淘米水清洗法：先将茼蒿的根部及老叶、黄叶去掉，用淘米水浸泡 25 分钟左右，并搅拌，使茼蒿上的杂质落入水中，捞出后用清水冲洗两到三遍即可。

认识这位蔬菜朋友

茼蒿又叫"打某菜"，相传从前有一位农夫摘了一大把茼蒿给妻子烹煮，上菜的时候却发现只剩一小碟了，他以为是妻子偷吃了就打了妻子一顿，从此茼蒿就叫"打某菜"。而事实上茼蒿在遇热后水分大量流失，一大把的茼蒿在炒熟后只剩一小碟了，并不是谁在偷吃呢。

红绿白的搭配

茼蒿炒豆腐

材料

茼蒿 150 克

豆腐 100 克

红彩椒 50 克

蒜末少许

盐 2 克

水淀粉 5 毫升

食用油适量

做法

1. 将豆腐洗净切块；红彩椒洗净切条；茼蒿洗净切段。

2. 往油锅中放入蒜末，倒入红彩椒和茼蒿段，翻炒片刻，再倒入豆腐，炒至茼蒿七成熟。

3. 加盐炒匀，淋少许水淀粉，翻炒均匀后装盘即可。

 温馨提示

这道菜的色彩鲜艳，从视觉上能吸引小朋友，红彩椒也能增添好滋味。

小虾来搭配

虾拌茼蒿

材料

茼蒿 150 克

虾皮 40 克

芝麻油、食用油各适量

做法

1. 将茼蒿洗净切段，虾皮用清水浸泡一下，洗净备用。

2. 将茼蒿放入开水锅中烫熟，捞出，沥干水分，装入盘中。

3. 将虾皮放入油锅中炒片刻，盛出倒入放茼蒿的盘子里，再淋入芝麻油，拌匀即可。

温馨提示

鲜美的虾皮为茼蒿增添滋味。

油麦菜 · 绿绿的嘎嘣脆

油麦菜属菊科、莴苣属植物，是以嫩梢、嫩叶为产品的尖叶型叶用莴苣。油麦菜色泽淡绿，富含膳食纤维和维生素 C，质地脆嫩，口感极为鲜嫩、清香，是生食蔬菜中的上品，有"凤尾"之称。油麦菜中含有甘露醇等成分，有利尿和促进血液循环的作用。脆溜溜的很好吃哟。

挑选棒棒的蔬菜

观外形

挑选油麦菜的时候不要只看大的，要看叶子是否平整，有没有蔫的。其实小的油麦菜更加嫩一些，因此菜梗也会少些。

看颜色

菜叶的颜色最好是翠绿的。有些油麦菜叶子会有些黄，因此挑选的时候一定要挑选浅绿色的，会嫩一些。

保持蔬菜的新鲜

将油麦菜洗干净后，控干表面水分，用保鲜膜包好，直接放入冰箱即可。

让蔬菜变干净

食盐清洗法：将油麦菜的根部切除，摘去老叶与黄叶，之后将油麦菜浸泡在淡盐水中 20 分钟左右，使表面的杂质沉淀，捞出之后用流水冲洗两到三遍，沥干，切段之后即可烹饪。

碱水清洗法：在盆里加入清水，倒入适量的食用碱搅拌均匀，将油麦菜放入碱水中浸泡 10 ~ 15 分钟，之后捞出用流水冲洗两到三遍即可。

认识这位蔬菜朋友

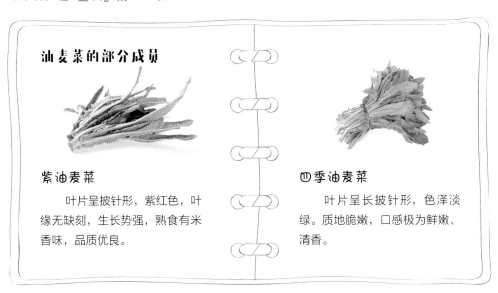

油麦菜的部分成员

紫油麦菜

叶片呈披针形，紫红色，叶缘无缺刻，生长势强，熟食有米香味，品质优良。

四季油麦菜

叶片呈长披针形，色泽淡绿。质地脆嫩，口感极为鲜嫩、清香。

香脆的花生碎

碧绿满口脆

 材料

油麦菜 150 克

熟花生米 50 克

盐 2 克

白醋 8 毫升

芝麻油少许

 做法

1. 将油麦菜洗净，切段，倒入沸水锅中焯熟，装盘。

2. 将熟花生米的红衣去除，拍成碎米。

3. 将盐、白醋、芝麻油做成调味汁，浇在油麦菜上。

4. 再在油麦菜上撒上花生碎即可。

 温馨提示

白醋的加入为这道菜增添独特风味。

芝麻酱拌油麦菜

材料

油麦菜 240 克

芝麻酱 35 克

熟芝麻 5 克

枸杞子、蒜末各少许

盐 2 克

食用油适量

做法

1. 将洗净的油麦菜切成段。

2. 锅中注入适量清水烧开，加入少许食用油，放入切好的油麦菜段，轻轻搅拌匀，煮约 1 分钟，至其熟软后捞出，沥干水分，待用。

3. 将焯煮熟的油麦菜装入碗中，撒上蒜末，倒入熟芝麻、芝麻酱，搅拌匀，再加入少许盐，快速搅拌一会儿，至食材入味。

4. 取一个干净的盘子，盛入拌好的食材，撒上洗净的枸杞子即成。

温馨提示

芝麻酱的加入为这道菜增添独特的芝麻香风味。

空心菜 ·看，"绿色精灵"来了

空心菜原名蕹菜，又名通心菜，旋花科番薯属植物。开白色喇叭状花，因为茎中空，故名"空心菜"。空心菜主要含矿物质、维生素 B_1、维生素 B_2、维生素 C 等营养成分。这些物质有助于增强体质，洁齿防龋，防病抗病，对孩子的牙齿健康生长有极大帮助。

挑选棒棒的蔬菜

观外形

挑选空心菜，要买那些梗比较细小的，吃起来嫩一些，以挑选无黄斑、茎部不太长、叶子宽大新鲜的为宜。

闻气味

选购时，最好先闻一下，若气味太重，大多是刚喷药不久上市的，不宜购买。

保持蔬菜的新鲜

空心菜不能在常温状态下存放太久，为了更好地保存，可采用通风储存法和冰箱冷藏法。

通风储存法：如果买的空心菜没有吃完，家里没有冰箱，可将空心菜的叶子摘下来，留的茎第二天吃也不会变色。

冰箱冷藏法：空心菜不耐久放，可选购带根的空心菜，放入冰箱中冷藏可维持5~6天。

让蔬菜变干净

食盐清洗法：先将空心菜的老叶、黄叶、老茎摘除，之后用清水浸泡，加点食盐，浸泡约15分钟，捞出后再用流水冲洗三四遍即可。

焯烫清洗法：先焯水，将菜的外面一些杂质冲掉，再折成段，用清水清洗，这样可以防止外面的杂质进入空心秆中。

认识这位蔬菜朋友

空心菜中的叶绿素有"绿色精灵"之称，它可是饭桌上的常客呢。还有一种特别的空心菜，来自中国台湾，是宜兰礁溪的"温泉空心菜"，这是宜兰礁溪居民利用当地地热所产生的弱碱且无味的碳酸氢钠泉培育而成的，不仅富含矿物质，而且香甜清脆哦。

将蔬菜榨成汁

木瓜空心菜汁

材料

木瓜 300 克

空心菜 40 克

菠萝 60 克

纯净水适量

做法

1. 将木瓜去皮洗净，切掉头尾，再对切，并将籽取出扔掉。最后用流水冲洗，切小块。

2. 将空心菜洗净，切成段，用热水烫一下，备用。

3. 将菠萝去皮，切成块状。

4. 将上述食材装进榨汁机中，倒入适量纯净水，榨取果汁即可。

温馨提示

　　将蔬菜榨成汁是让孩子容易接受的好方法，爸爸妈妈也要提醒宝贝好喝的果汁中有空心菜；另外，用热水烫一下空心菜，味道会更好，榨好的果汁可放入冰箱冷藏片刻，也会更好喝哦。

素配荤好滋味

肉末空心菜

材料

空心菜 125 克

肉末 50 克

大蒜 1 瓣

酱油适量

盐少许

食用油适量

做法

1. 将空心菜洗净，切成段；大蒜剥皮洗净后切成末。

2. 锅中加水烧开，加入少许盐，倒入空心菜焯水至熟后捞出，装盘。

3. 锅中倒油烧热，放入蒜末炒香，放入肉末炒散，并淋入酱油，翻炒片刻。

4. 将炒好的肉末倒在空心菜上即可。

温馨提示

清新的空心菜搭配上肉粒的肉香，口味更佳。

菜心 · 心是柔嫩的

菜心又名菜薹，十字花科芸薹属，一年或二年生草本植物。菜心富含粗纤维、维生素C和胡萝卜素，能够促进肠胃蠕动，起到润肠、助消化的作用；菜心含有的钙、磷等元素，能促进孩子的骨骼发育。

挑选棒棒的蔬菜

观外形

以购买中等大小、粗细如手指的为最好，不可空心，不可见花。

看颜色

选择叶色深、色泽光亮的为好。

闻气味

新鲜的菜心有青菜特有的清新味，如有异味或者腐烂的味道则不要选购。

保持蔬菜的新鲜

通风储存法：菜心适宜存放于阴凉、干燥、通风处，可保存 1～2 天。

冰箱冷藏法： 用保鲜袋将菜心装好放入冰箱冷藏，2℃～5℃环境下可存放3～5天，但还是建议尽快食用。

让蔬菜变干净

菜心不宜直接用清水清洗，较好的方法是用食盐水或者淀粉水浸泡之后清洗。

食盐清洗法： 叶子上常残留一些小虫，洗起来有些麻烦，可以把菜心先放在盐水里浸泡一下再洗。

淀粉清洗法： 可在浸泡菜心的清水里放一点淀粉，浸泡10～15分钟，捞出后用流水冲洗干净即可。

认识这位蔬菜朋友

相信大家看见的菜薹大多是绿色的，而红菜薹则是红彤彤的呢，它是武汉的名产，一千多年前就已驰名。据史籍记载，红菜薹在唐代是著名的蔬菜，曾被封为"金殿玉菜"。红菜薹有一个奇特之处就是，天气愈寒生长就愈好，大雪后抽薹长出的花茎色泽最红，脆性最好，所以民间有"梅兰竹菊经霜翠，不及菜薹雪后娇"之说。

红椒来增味

豉香菜心

材料

菜心 120 克

蒸鱼豉油 25 毫升

蒜末、红椒圈各少许

盐 2 克

食用油适量

做法

1. 锅中注清水烧开，加入少许食用油、盐，搅匀，倒入洗净的菜心，用大火煮至熟。

2. 捞出菜心，沥干水分，装盘待用。

3. 用油起锅，倒入蒜末、红椒圈，爆香。

4. 倒入蒸鱼豉油，做成豉汁。

5. 关火后将豉汁淋入菜心上即可。

温馨提示

蒸鱼豉油的加入让这道菜别有一番风味。

味道鲜美

砂锅粉丝豆腐煲

材料

腐竹 10 克　　鸡汤 800 毫升

豆腐 15 克　　盐 2 克

胡萝卜 50 克　白胡椒 2 克

菜心 100 克　芝麻油 3 毫升

粉丝 10 克

做法

1. 将粉丝用温开水泡发；腐竹用开
   水泡发。

2. 将豆腐洗净切块；菜心洗净切段；
   胡萝卜洗净去皮，切滚刀块；泡
   发的腐竹切小段，待用。

3. 锅中注入适量的清水大火烧开，倒
   入豆腐去除酸味，捞出沥干待用。

4. 砂锅中放入胡萝卜、豆腐、腐竹。

5. 倒入备好的鸡汤，大火煮开后转
   小火炖 8 分钟。

6. 放入粉丝、菜心，加入盐、白胡
   椒搅拌，再淋入芝麻油。

7. 关火，将煮好的汤盛出装入碗中
   即可。

温馨提示

　　这道菜中菜心成为了汤粉的配
菜，菜心浸润在鲜美的汤中，滋味也
变得鲜美。

洋葱 · 叶子组成的大葱头

洋葱别名葱头，百合科葱属，二年生草本植物。洋葱所含的微量元素硒是一种很强的抗氧化剂，能增强细胞的活力和代谢能力。洋葱还可以抗寒杀菌，抵御流感，体质弱的孩子不妨多吃一些洋葱。

挑选棒棒的蔬菜

观外形

洋葱表皮越干、越光滑越好。洋葱球体完整、球型漂亮，表示洋葱发育较好。还要看洋葱有无挤压变形，如果损伤明显，则不易保存。

看颜色

最好可以看出透明表皮中带有茶色的纹理。此外，还要看看洋葱表面黑黑的部分是泥土还是发霉。

摸软硬

如果将洋葱拿在手上发现软软的，表示可能已发霉，最好不要购买。

冰箱冷藏法：洋葱一旦切开，即使是包裹了保鲜膜放入冰箱，因氧化作用，其营养成分也会迅速流失。因此，洋葱应尽量避免切开后储存。

网兜储存法：把洋葱装进网兜里，在每个中间打个结，使它们分开。将其吊在通风的地方，可以使洋葱保存很久。

让蔬菜变干净

洋葱可用食盐水或温水浸泡之后清洗。

食盐清洗法：在放有洋葱的盆中注入适量的清水，加少许盐，让洋葱在淡盐水中浸泡 10 ～ 15 分钟后捞出，切去两头，剥去外面的老皮，用流水冲洗干净即可。

温泡清洗法：在盛有清水的容器中加入温水，将洋葱浸泡 10 ～ 15 分钟，捞出后用刀切去头部及根部，用手将洋葱的老皮全部剥除即可。

认识这位蔬菜朋友

洋葱原产于亚洲中部地区，考古学家发现，在公元前 3000 多年前，壁画中就画着洋葱，据说建造埃及金字塔的奴隶们也吃过洋葱呢！ 20 世纪时，洋葱传入了中国。我们吃的洋葱是植物的叶子部分，层层叠叠的叶鞘包围着茎，形成一个圆圆的鳞茎，等上面的叶枯萎的时候说明洋葱可以采摘啦！

可爱的圈圈

炸洋葱圈

材料

洋葱 200 克

鸡蛋 1 个

面包糠 150 克

生粉适量

食用油少许

做法

1. 将洋葱洗净，切片，剥成圈状；鸡蛋打入碗中，加生粉拌匀，调制成蛋糊；洋葱圈撒少许生粉，依次粘上蛋糊、面包糠。

2. 热锅中注入适量食用油烧热，倒入洋葱圈，炸至呈金黄色，捞出沥干油。

3. 另取一盘，放入洋葱圈，摆好即可。

1.1

1.2

2

**温馨提示**

洋葱圈可爱的造型惹人喜爱，相信不喜欢吃洋葱的小朋友也愿意去吃的。

烤出来的美味

洋葱烤饭

材料

水发大米 180 克

洋葱 70 克

鸡蛋 1 个

蒜头 30 克

盐少许

食用油适量

 做法

1. 将洗净的洋葱切开，再切小块。

2. 将蒜头剥皮洗净，对半切开。

3. 用油起锅，倒入切好的蒜头，爆香，放入洋葱块，大火快炒，至其变软。

4. 倒入洗净的大米，炒匀炒香，关火后盛出，装在烤盘中。

5. 加入适量清水，打入 1 个鸡蛋搅匀，使米粒散开，撒上盐，搅匀。

6. 推入预热的烤箱中，调上火温度为 180℃，选择"双管发热"功能，再调下火温度为 180℃，烤约 25 分钟，至食材熟透。

7. 断电后打开箱门，取出烤盘，稍微冷却后盛入碗中即可。

 **温馨提示**

洋葱的香味在快炒后迅速散发出来，配以主食大米还有营养的鸡蛋，烤制出独特的香味。

PART 3

根茎类

　　根茎类蔬菜是指介于粮食与叶菜类蔬菜之间的蔬菜，如马铃薯、甜薯、芋头等，这类蔬菜含淀粉较多，可供给人体较多的热量。其次，根茎类蔬菜含钙、磷、铁等矿物质也比较丰富，能促进孩子的生长发育。

胡萝卜 ·可以做可爱压模的蔬菜

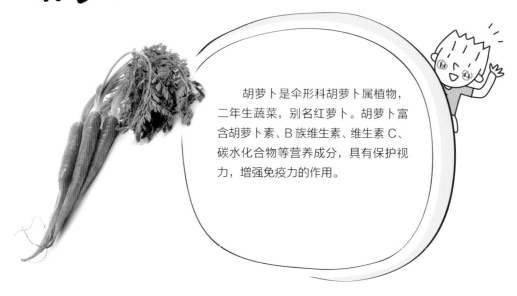

胡萝卜是伞形科胡萝卜属植物，二年生蔬菜，别名红萝卜。胡萝卜富含胡萝卜素、B 族维生素、维生素 C、碳水化合物等营养成分，具有保护视力，增强免疫力的作用。

挑选棒棒的蔬菜

观外形

选购胡萝卜的时候，以形状规整，表面光滑，且心柱细的为佳，不要选表皮开裂的。

看颜色

宜选色泽鲜嫩，表皮、肉质和心柱均呈橘红色的胡萝卜，且颜色深的比颜色浅的好。

摸软硬

新鲜的胡萝卜手感较硬，手感柔软的说明放置时间过久，水分流失严重，这样的胡萝卜不建议购买。

保持蔬菜的新鲜

存放胡萝卜，可采用以下方法。

通风储存法：可用保鲜膜包好，放在阴暗处保存。尽量在 1 ~ 2 天内食用，否则胡萝卜会枯萎、软化。

冰箱冷藏法：胡萝卜存放前不要用水冲洗，只需将胡萝卜的"头部"切掉，然后放入冰箱冷藏即可。

让蔬菜变干净

食盐清洗法：将胡萝卜放在加了食盐的清水中，浸泡 10 ~ 15 分钟后捞出，用清水冲洗干净即可。

毛刷清洗法：用软毛刷刷去泥沙和残余的杂质，用清水冲洗干净即可。

认识这位蔬菜朋友

在两千多年前，胡萝卜沿着丝绸之路来到了中国，那时它是紫色的，后来人们培育出了缺少花青素的橙色胡萝卜。它曾经也是孩子们不爱吃的蔬菜，后来经过品种改良，怪怪的味道少了，而甜味增加了。

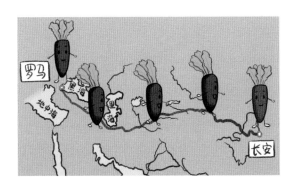

西瓜翠衣拌胡萝卜

红绿搭配

温馨提示

用筷子搅拌食材和撒上白芝麻这些料理动作可以让小孩子来做，亲自参与制作的菜肴会让孩子觉得更加美味。

 材料

西瓜皮 200 克

胡萝卜 200 克

熟白芝麻、蒜末各少许

盐 2 克

白醋 8 毫升

白糖 4 克

食用油适量

 做法

1. 将去皮的胡萝卜洗净切丝；将西瓜皮洗净，去掉表层的绿皮后切成丝。

2. 锅中注水烧开，倒入食用油，放入胡萝卜丝，略煮片刻。

3. 加入西瓜皮，煮半分钟，至其断生。

4. 把焯好的胡萝卜和西瓜皮捞出，沥干水分。

5. 加盐、白糖，淋入白醋，用筷子拌匀调味品，加入适量蒜末。

6. 将拌好的食材盛出装盘，撒上少许白芝麻即可。

TIPS:

将西瓜皮去掉硬硬的表层再焯水，比较容易入味，口感会更爽脆。

胡萝卜糙米饼

圆圆的小饼

材料

去皮胡萝卜 40 克

水发糙米 50 克

糯米粉 20 克

清水适量

做法

1. 将洗净的胡萝卜切片,再切成粒,放入碗中备用。

2. 加入泡好的糙米,加入糯米粉,注入适量清水,将材料拌匀。

3. 用手将糊压成数个圆形小饼,放在盘中。

4. 放入蒸锅,用大火蒸 30 分钟至熟透即可。

**温馨提示**

小朋友会喜欢红色点缀的可爱小圆饼的独特造型。

白萝卜 · 一起唱《拔萝卜》吧

白萝卜属十字花科，又名莱菔，二年生草本植物。民间有"冬吃萝卜夏吃姜，一年四季保安康"的说法。白萝卜主要含 B 族维生素、维生素 C、铁、钙、磷、膳食纤维等营养成分，能促进胃肠蠕动，适合消化不好的孩子食用哦。

挑选棒棒的蔬菜

观外形

应选择个体大小均匀，根形圆整的白萝卜。若萝白卜最前面的须是直的，大多数情况下，萝卜是新鲜的，反之，如果白萝卜根须部杂乱无章，分叉多，那么就有可能是糠心萝卜。

看颜色

应选择表皮光滑、色泽嫩白的白萝卜。

保持蔬菜的新鲜

通风储存法：白萝卜最好能带泥存放，如果室内温度不太高，可放在阴凉通风处。

冰箱冷藏法：如果买到的白萝卜已清洗过，则可以用保鲜膜包好，放入冰箱冷藏室储存。

让蔬菜变干净

食盐清洗法： 将白萝卜放在盆中，注入适量清水，再加入少量的食盐，搅拌均匀，浸泡 15 分钟左右，捞出之后用清水冲洗干净即可。

毛刷清洗法： 将白萝卜放入洗菜盆里，加入清水半盆，用软毛刷刷洗表皮。再将白萝卜放在水龙头下冲洗即可。

认识这位蔬菜朋友

白萝卜原产于中国，在西方的栽培历史也很悠久，据说它曾是古埃及人的主要食物。在日本，从中国引进的白萝卜被称为"唐物"，现在日本人形象地称它为"大根"。"大根"在日本的超市中总是被摆在最显眼的位置。

桂花蜜糖蒸萝卜

🍄 材料

白萝卜 180 克

桂花 15 克

枸杞子少许

蜂蜜 25 克

做法

1. 将去皮洗净的白萝卜切厚片。

2. 用梅花形模具制成萝卜花，用小刀在萝卜花中间挖出小圆孔。

3. 取蒸盘，放入备好的萝卜花，摆放整齐。

4. 洗净的桂花放在备好的小碟中，加蜂蜜制成糖桂花。

5. 在萝卜花圆孔处盛入糖桂花，点缀上枸杞子。

6. 蒸锅注水烧开，放入装有萝卜的蒸盘，中火蒸 15 分钟至熟透。

7. 关火后取出蒸好的菜肴即可。

温馨提示

　　白萝卜搭配润肠通便的蜂蜜以及香气柔和、味道可口的桂花调味，能增进孩子的食欲。

甜甜的滋味

白萝卜豆浆

 材料

水发黄豆 60 克

白萝卜 50 克

白糖适量

 做法

1. 将洗净去皮的白萝卜切小块。

2. 将已浸泡 8 小时的黄豆倒入碗中, 加水搓洗干净, 沥干水分。

3. 将黄豆、白萝卜倒入豆浆机中, 注水, 待豆浆机运转约 15 分钟后, 即成豆浆。

4. 把豆浆滤渣后倒入碗中即可。

 温馨提示

相比白萝卜本身的无味, 小朋友会比较喜欢甜甜的豆浆。将白萝卜混合进豆浆是让孩子接受白萝卜的好办法; 另外, 白糖不宜放得过多, 否则不利于小朋友牙齿的健康。

山药 ·我不是棍子呢

山药别名怀山药，是薯蓣科薯蓣属植物，主要含多种氨基酸、黏液质、胡萝卜素等营养成分。山药营养丰富，自古以来就被视为物美价廉的补虚佳品，既可作主食，又可作蔬菜。山药含皂苷、黏液质，对经常咳嗽的孩子可以做一些山药菜来辅助治疗。

挑选棒棒的蔬菜

观外形

看须毛，同一品种的山药，须毛越多的越好，因为须毛越多的山药，含山药多糖越多，营养也更丰富。

看颜色

山药的横切面呈雪白色，说明是新鲜的；若呈黄色似铁锈的切勿购买。表面有异常斑点的山药可能已经感染过病害，不能购买。

掂重量

大小相同的山药，较重的更好。

保持蔬菜的新鲜

通风储存法： 短时间保存则只需用纸包好放入阴凉通风处即可。

冰箱冷藏法： 如果购买的是切开的山药，则要避免接触空气，以用塑料袋包好放入冰箱里冷藏为宜。

让蔬菜变干净

如果不用削皮，先用水清洗，把上面的泥洗干净。

如果是入汤或用于其他，再削皮，削皮后的山药非常滑手，在手上涂些醋或盐之类的东西会好处理一些。

认识这位蔬菜朋友

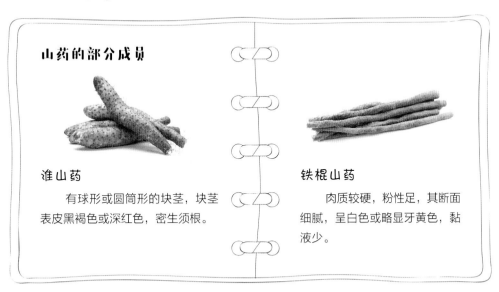

山药的部分成员

淮山药

有球形或圆筒形的块茎，块茎表皮黑褐色或深红色，密生须根。

铁棍山药

肉质较硬，粉性足，其断面细腻，呈白色或略显牙黄色，黏液少。

炼乳山药抹吐司

漂亮的钢琴吐司

这道菜在造型上很容易让小朋友喜欢，山药的粉糯口感加入炼乳的香甜，使它不仅好看还好吃。

 材料

全麦吐司 1 片

山药 1 段

杏仁 4 颗

炼乳适量

黑巧克力酱少许

 做法

1. 将山药去皮洗净，切成块状，放入蒸锅内蒸熟，加入炼乳搅成泥。

2. 将全麦吐司去边，抹上山药泥，切两半，用黑巧克力酱在山药泥上画成琴键和琴谱。

3. 将杏仁摆入两个吐司中间。

TIPS:

　　山药去皮时最好用热水烫一下，加点醋，这样就不会黏手。

小丁混合不挑食

清甜三丁

 材料

山药 120 克

黄瓜 100 克

芒果 135 克

盐 2 克

食用油适量

 做法

1. 将山药、黄瓜、芒果均去皮，洗净，取肉，切成小丁。

2. 锅中注水烧开，倒入山药煮半分钟后再倒入黄瓜，续煮半分钟后倒入芒果丁，半分钟后捞出沥干水分，备用。

3. 炒锅注油，烧至三成热，转小火，倒入焯煮好的食材，加入盐，翻炒至食材入味后关火盛出，装盘即可。

温馨提示

　　将食材切成小丁混合，让孩子一口吃下，不容易挑食；加入黄瓜的脆和芒果的甜，为菜品增添独特口感与滋味。

蓝莓酱来搭配

蓝莓山药泥

材料

山药 180 克

蓝莓酱 15 克

白醋适量

做法

1. 将去皮洗净的山药切成块，浸入清水中，加少许白醋，搅拌均匀，去除黏液，将山药捞出，装盘。

2. 把山药放入烧开的蒸锅中。

3. 盖上盖,用中火蒸 15 分钟至熟,揭盖,把蒸熟的山药取出。

4. 把山药倒入大碗中，先用勺子压烂，再捣成泥，取一个干净的碗，放入山药泥，再放上蓝莓酱即可。

温馨提示

加入蓝莓酱不仅为菜品增色，而且使山药更加好吃哦。

芋头 · 长了"胡子"的年轻小伙子

芋头别名青芋，是天南星科芋属植物，主要含氟、钙、维生素 C 等营养成分，具有增强免疫力的作用，此外，芋头中氟的含量较高，具有洁齿防龋、保护牙齿的作用。芋头口感细软，绵甜香糯，可增进食欲，帮助消化，适合消化不良的孩子食用。

挑选棒棒的蔬菜

观外形

购买芋头时应挑选个头端正，表皮没有斑点、干枯、收缩、硬化及霉变腐烂的。

掂重量

同样大小的芋头，两手掂量下，比较轻的那个会粉些；而"太重"的芋头则很可能是生水严重所致，生了水的芋头肉质不粉，口感不好，不宜购买。

摸软硬

拿在手上的芋头感觉硬点的比较好，软的说明快坏了。

保持蔬菜的新鲜

通风储存法：将芋头放置于干燥阴凉通风的地方。鲜芋头一定不能放入冰箱，会因冻伤而造成腐烂。

油炸冷藏法：芋头放太久未食用的话很容易腐烂，最好是将它去皮、切块，用油炸熟，然后冷藏。

让蔬菜变干净

清洗芋头建议用食盐水浸泡之后清洗或者是用毛刷清洗。

食盐清洗法：在装有芋头的盆中注入适量清水，加入少量食盐，搅拌均匀之后浸泡 10 ~ 15 分钟。将芋头搓洗后，用流水冲洗干净，沥干水即可。

毛刷清洗法：在放有芋头的盆中注入适量的水，用软毛刷刷洗芋头表面的泥沙，用流动水冲洗干净。

认识这位蔬菜朋友

芋头原产我国和印度、马来西亚等热带地区，流行于唐宋时期。芋头的品种很多，有的品种适合吃母芋（大个的），有的品种适合吃子芋（小个的）。在秋天的时候，芋头的"子子孙孙"都成熟了，因此在某些国家每年秋天都会举办"煮芋头大会"，象征团圆的美好寓意。

甜蜜的滋味

桂花芋头汤

材料

芋头 500 克

糖桂花、白糖各适量

做法

1. 将芋头洗净去皮，切成小块。

2. 锅中添入适量清水，放入芋头块，旺火煮开。

3. 盖上盖子，改用小火焖煮 1 小时以上，煮至芋头块变软。

4. 加白糖调匀，随煮随搅（防止煳底烧焦）。

5. 煮开后，停火，加糖桂花搅拌，出锅即可。

温馨提示

芋香与糖桂花香味的完美结合。

椰子的香味

芋头椰汁西米露

材料

香芋 80 克

西米 80 克

白砂糖 20 克

椰浆 50 毫升

水 250 毫升

做法

1. 将西米洗净，用清水浸泡 15 分钟，捞出沥水；香芋去皮洗净，用模具压成可爱的形状。

2. 在锅里加入水烧开，放入芋头，将其煮熟。

3. 加入白砂糖、椰浆搅拌，煮片刻。

4. 另起锅烧开水，放入西米以慢火煮熟，煮至其白心消失变成透明的。

5. 捞出西米加入芋头汤中即可。

温馨提示

　　孩子一般都喜欢吃甜食，香芋本身浓郁的香味与椰香完美融合，再搭配上西米，口感更佳；香芋被压成了可爱的形状也能提升孩子的好感度。

土豆 · 圆咕咕的小胖子

土豆又叫马铃薯，茄科茄属，一年生草本植物。土豆是一种具有粮食、蔬菜和水果等多重特点的优良食品。土豆中含有丰富的膳食纤维，有助于促进胃肠蠕动，疏通肠道。土豆还含有大量的优质纤维素。

挑选棒棒的蔬菜

观外形

土豆的外形以肥大而匀称的为好。

看颜色

土豆分黄肉、白肉两种，黄的较粉，白的较甜。土豆表皮呈深黄色，皮面干燥，芽眼较浅，无损伤，无发芽、变绿和焉萎现象的为好。

保持蔬菜的新鲜

通风储存法： 应把土豆放在背阴的低温处，切忌放在塑料袋里保存，否则塑料袋内会捂出热气，使土豆发芽。

冰箱冷藏法：不用清洗，将土豆直接装在保鲜袋中，放进冰箱冷藏室保存，可以保存一周左右。

让蔬菜变干净

食盐清洗法：将土豆放入盆中，注入清水，加适量盐搅拌均匀，浸泡 10 ~ 15 分钟。拿出之后去皮，冲洗干净，沥干水备用。

钢丝球清洗法：将土豆放在盛有清水的盆中，浸泡 5 ~ 10 分钟后捞出。将土豆拿到流动水下冲洗，用钢丝球擦洗表皮，再用流动水冲洗，沥干水即可。

认识这位蔬菜朋友

土豆原产于南美洲安第斯山区，茄科茄属，但跟茄子不一样的是它生长在地下，由地下茎的末端膨大而成，而茄子是长在茄秧上的。

草莓土豆泥

细腻的口感

材料

草莓 35 克

土豆 170 克

牛奶 50 毫升

黄油 5 克

奶酪 5 克

做法

1. 将洗净去皮的土豆切成薄片，放进蒸锅中蒸熟。

2. 将洗好的草莓去蒂，切成小块。

3. 把土豆片放入碗中，把黄油、奶酪放在蒸好的土豆上，一起捣成泥状。

4. 注入牛奶，拌匀，取小碗盛入拌好的材料，点缀上草莓碎即可。

 **温馨提示**

　　土豆中加入了奶酪、黄油和牛奶，口味不再单一，配上甜甜的草莓，果香和奶香相融合，更好吃。

杂蔬丸子

可爱小丸子

材料

土豆 150 克

胡萝卜 70 克

芹菜 20 克

玉米粒 120 克

盐 2 克

生粉 20 克

芝麻油少许

 做法

1. 将洗净去皮的土豆切小块；洗好的芹菜切碎；洗净的胡萝卜切粒。

2. 蒸锅烧开，放入土豆块蒸熟。

3. 取出土豆块，放凉后捣成泥，装入大碗。

4. 放入胡萝卜、芹菜，加盐、芝麻油、玉米粒、生粉，拌匀。

5. 将土豆泥做成数个小丸子，装盘。

6. 将土豆丸子放入蒸锅，蒸熟即可。

 **温馨提示**

　　这道菜具有特别小清新的造型，口感清爽，色彩好看，一个个小丸子也方便孩子食用。

莴笋 ·助攻小白牙健康成长

莴笋的学名是茎用莴苣，又名莴苣，为菊科植物一二年生莴苣的茎叶。莴笋主要的营养成分有胡萝卜素、维生素 B_3 、锌、铁等。莴笋中所含的氟元素，可参与牙釉质和牙本质的形成。儿童经常食用新鲜莴笋，可以防治缺铁性贫血。

挑选棒棒的蔬菜

观外形

以茎粗大，外表整修洁净，基部不带毛根，叶片距离较短为最佳。

看颜色

莴笋颜色呈浅绿色，鲜嫩水灵，有些带有浅紫色为最佳。

看笋肉

以皮薄、质脆、水分充足、笋条不空心、表面无锈色为好。

保持蔬菜的新鲜

通风储存法：将新鲜莴笋放在阴凉通风处可保存 2～3 日。

冰箱冷藏法： 直接用保鲜袋装好，放入冰箱冷藏，可保鲜约一周。需要注意的是，应与苹果、梨子和香蕉分开，以免诱发褐色斑点。

让蔬菜变干净

食盐清洗法： 将莴笋的表皮和根部去除，切成两截，放进淡盐水中浸泡 10 分钟左右，捞起后用清水冲洗两到三遍即可。

淀粉清洗法： 将莴笋的表皮和根部去除，切成两截，放在注有清水的盆中，加 2 ~ 3 勺淀粉搅匀，浸泡 10 ~ 15 分钟，用手抓洗一下，再用清水漂洗即可。

认识这位蔬菜朋友

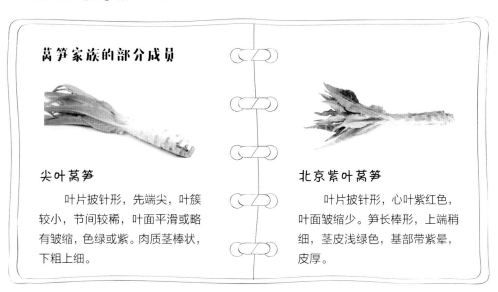

莴笋家族的部分成员

尖叶莴笋

　　叶片披针形，先端尖，叶簇较小，节间较稀，叶面平滑或略有皱缩，色绿或紫。肉质茎棒状，下粗上细。

北京紫叶莴笋

　　叶片披针形，心叶紫红色，叶面皱缩少。笋长棒形，上端稍细，茎皮浅绿色，基部带紫晕，皮厚。

色彩清新

凉拌莴笋

材料

莴笋 100 克

胡萝卜、黄豆芽各 90 克

蒜末少许

盐、白糖各 2 克

白醋 3 毫升

芝麻油、食用油各适量

做法

1. 分别将洗净去皮的胡萝卜、莴笋切丝。

2. 锅中注水烧开，加盐、食用油。倒入切好的胡萝卜丝、莴笋丝，搅拌均匀，焯煮约 1 分钟。

3. 放入洗净的黄豆芽，焯煮至断生后捞出，沥干水分，待用。

4. 将焯煮好的食材装入碗中，撒上蒜末。

5. 加入盐、白糖，淋入白醋、芝麻油。搅拌至食材入味，盛出装盘即成。

温馨提示

在搅拌食材时，可以让孩子参与进来，亲力亲为，这样能增加孩子对食材的兴趣；青青的莴笋丝与红色的胡萝卜丝，再加上黄豆芽的搭配，色彩清新又好看。

青与白的搭配

莴笋烧豆腐

 材料

豆腐 80 克

莴笋 100 克

蒜末少许

盐 2 克

水淀粉少许

食用油适量

 做法

1. 将莴笋去皮切丁；豆腐切小方块。

2. 沸水锅中加盐、食用油，倒入莴笋丁、豆腐块略煮片刻后捞出。

3. 用油起锅，放入蒜末炒香，再倒入莴笋丁和豆腐块，轻轻翻炒片刻。

4. 加入盐调味，倒入水淀粉，翻炒收汁，即可装盘。

 温馨提示

　　乳白色的豆腐搭配上青青的莴笋，如此小清新的色彩搭配能赢得孩子的好感。

榨成汁更易接受

莴笋西红柿芹菜汁

 材料

西红柿 100 克

莴笋 150 克

芹菜 70 克

蜂蜜 15 克

纯净水适量

做法

1. 芹菜洗净，切段；莴笋洗净，去皮，切丁；西红柿洗净，切丁，备用。

2. 锅中注水烧开，倒入莴笋丁、芹菜段，略煮片刻后捞出，沥干待用。

3. 将食材倒入榨汁机中，加适量纯净水。

4. 倒入蜂蜜。盖上盖，选择"榨汁"功能，最后倒入杯中即可。

温馨提示

莴笋配上西红柿酸酸甜甜的味道，孩子喝了更开胃。

莲藕 · 小荷才露尖尖角

莲藕，又称水芙蓉，睡莲属睡莲科植物根茎。莲藕主要含膳食纤维、碳水化合物、维生素、植物蛋白、铁、钙等营养成分。莲藕会散发出独特清香，还含有鞣质，有一定的健脾止泻的作用，能增进食欲促进消化。

挑选棒棒的蔬菜

观外形

藕节之间的间距越大，则代表莲藕的成熟度越高，口感更好。在挑选时可以挑选较粗短，两头均匀的藕节。

看颜色

莲藕的外皮应该呈黄褐色，肉肥厚而白。如果莲藕外皮发黑，有异味，则不宜食用。

看通气孔

如果是切开的莲藕，应选择通气孔较大的莲藕。

保持蔬菜的新鲜

通风储存法：莲藕容易变黑，没切过的莲藕可在室温环境下放置一周的时间。切面有孔的部分容易腐烂，所以切过的莲藕要在切口处覆以保鲜膜，冷藏保鲜，可保存一个星期左右。

冰箱储存法：将莲藕直接用保鲜袋装好放在冰箱冷藏室储存，可保存一周左右。

让蔬菜变干净

清洗莲藕最主要的是清洗通气孔里面的泥土。将藕节切去，用削皮刀将藕皮削去，将去皮的莲藕一分为二放进小盆里，注入适量的清水。然后用裹上纱布的筷子擦洗莲藕的窟窿，再把水倒掉。最后倒入清水清洗，沥干即可。

认识这位蔬菜朋友

莲藕原产于印度，埋在淤泥中的莲藕在夏季会长出荷叶和荷花以供人们观赏。周敦颐的诗句"出淤泥而不染，濯清涟而不妖"赞美的就是荷花。

美味又营养

莲藕海带红豆汤

材料

莲藕 150 克

海带 80 克

水发红豆 30 克

红枣 4 粒

盐 1 克

白胡椒粉少许

做法

1. 将洗净去皮的莲藕切粗丁；将海带切成菱形片，备用。

2. 锅中注水烧开，放入洗净的红枣、红豆。

3. 倒入切好的莲藕，加入清洗干净的海带，搅拌匀。

4. 盖上盖，烧开后用小火煮约 40 分钟，至食材熟透。

5. 揭开盖子，放入盐、白胡椒粉，拌匀调味即可。

温馨提示

　　加入白胡椒粉能去除海带的腥味，甜甜的红枣为汤品添滋味，红豆与红枣的色彩也让其整体的颜色更好看。

清香的桂花

桂花糯米藕

 材料

莲藕 500 克

糯米 50 克

干桂花 5 克

红糖 50 克

冰糖 30 克

做法

1. 将糯米洗净，用清水浸泡 2 小时，备用。

2. 将莲藕去皮后，切去一头，塞入泡好的糯米，用筷子压实。

3. 将切下的莲藕盖上用牙签固定；将莲藕放入锅里，加水至没过莲藕。

4. 加入红糖、冰糖、桂花，大火煮开，转小火炖 3 小时，中间不时翻面让其上色均匀。

5. 糖水在锅里继续加热，收至浓稠变成糖浆状，将糯米藕切片，淋上糖浆，撒上干桂花即可。

温馨提示

添加了桂花的清香，让小朋友立马就爱上，另外，将莲藕炖久一些吃起来会更粉哦。

竹笋 · 大熊猫也吃竹笋呢

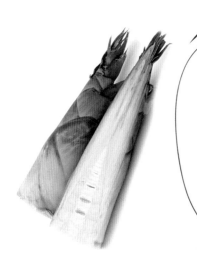

竹笋别名闽笋。竹笋含有丰富的钙、胡萝卜素、维生素 B_1 等营养成分，具有开胃消食、预防便秘的功效。竹笋中含有的一种白色的含氮物质，构成了竹笋独有的清香，还有助于增强孩子身体的免疫功能。

挑选棒棒的蔬菜

观外形

竹笋节与节之间的距离要近，距离越近的竹笋越嫩。

看颜色

品种好的竹笋外壳色泽鲜黄或淡黄略带粉红，笋壳完整而饱满。

保持蔬菜的新鲜

通风储存法：竹笋适宜在低温条件下保存，但不宜保存时间过长，否则质地变老会影响口感，建议保存一周左右。

冰箱冷藏法：可直接用保鲜袋装好放入冰箱冷藏，可保存 4 ~ 5 天。或是买回竹笋后在切面上先涂抹一些盐，再放入冰箱中冷藏。

焯烫储存法： 用开水将竹笋烫至七八分熟，再用装满清水的容器装好，放在阴凉通风的地方，切记每天要换一次水，这样可以保存一周左右。

让蔬菜变干净

竹笋不宜直接带皮食用，正确的方法是去皮之后用清水冲洗。先将竹笋的外衣剥除，再用削皮刀将竹笋的硬皮削去，最后用清水冲洗干净，沥干水即可。

认识这位蔬菜朋友

竹笋原产于中国，我们常吃的竹笋是毛竹的嫩芽。3000多年前的《诗经》就记载过竹笋，宋朝时期有一本叫《笋谱》的书，也记录了几十种竹笋的名称。竹笋同时也是可爱的大熊猫的主食之一哦。

多种蔬菜混合

多彩杂蔬煲

材料

竹笋 85 克

冬瓜 50 克

口蘑 30 克

胡萝卜 40 克

火腿 50 克

姜末、葱花各少许

盐 2 克

食用油适量

 做法

1. 将胡萝卜、冬瓜、竹笋洗净切丁；
   将口蘑、火腿洗净，切粒。

2. 锅中注清水烧开，倒入竹笋丁、
   胡萝卜丁、口蘑粒，煮熟后捞出。

3. 用油起锅，下姜末爆香。

4. 放入火腿粒，倒入焯煮过的胡萝
   卜丁、竹笋丁、口蘑粒、冬瓜丁
   炒透。

5. 加入水续煮 2 分钟，加入盐调味。

6. 盛出后撒上葱花即可。

温馨提示

　　多彩的颜色能吸引孩子的注意力；口蘑独特的香味会起到提香的作用；将竹笋切成丁，与其它切小的食材混合在一起，让孩子一口吃下不挑食。

竹笋炒鸡丝

与肉丝一起吃下

材料

竹笋、鸡胸肉各 100 克

绿彩椒、红彩椒、姜末、各少许

盐 1 克

料酒 2 毫升

水淀粉、食用油各适量

做法

1. 将洗净的竹笋、鸡胸肉均切细丝；
   绿、红彩椒切粗丝。

2. 将切好的鸡肉丝装入碗中，加入
   少许盐、料酒，注入适量食用油，
   腌渍约 10 分钟。

3. 锅中注入适量清水烧开，放入竹
   笋丝，加少许盐焯煮约半分钟。

4. 捞出焯煮好的竹笋，待用。

5. 热锅注油，倒入姜末，爆香；倒
   入鸡胸肉，炒匀；倒入彩椒丝、
   竹笋丝，炒匀；加入适量盐调味。

6. 倒入水淀粉勾芡，拌炒片刻，至
   食材入味后盛出即可。

2.1

2.2

3

5

温馨提示

红、绿彩椒为菜品增色，味道
鲜美的鸡肉丝与竹笋丝相搭配，颜
色相近，防止孩子挑食。

PART 4

花菜类、豆菜类、芽苗类

花菜类是指以菜的花部作为食用部分的蔬菜，富含碳水化合物、食物纤维、维生素。豆菜类的优质蛋白、矿物质含量丰富，尤其是钙、磷、铁的含量较高。芽苗类富含膳食纤维，满足孩子的多种营养需求。

花菜 · 万绿丛中一点白

花菜别名菜花，是十字花科芸薹属植物。与西蓝花（绿花菜）、圆白菜同为甘蓝的变种。花菜含丰富的钙、磷、铁、维生素 A 、维生素 B_1 等营养成分，具有提高身体免疫力，强身健体的功效。此外，花菜还有助于疏通肠胃，促进胃肠蠕动，被称为"十大绿色蔬菜之一"，非常适合体质弱的孩子食用。

挑选棒棒的蔬菜

观外形

花球无虫咬，外观无损伤，花朵间没有空隙、紧密结实、鲜脆为好；不要买茎部中空的。

看颜色

花菜以颜色亮丽、不枯黄、无黑斑为好；乳白色的花菜比纯白色的口感更佳。

看切口

观察花菜梗的切口是否湿润，如果过于干燥则表示采收已久，不够新鲜。

保持蔬菜的新鲜

冰箱冷藏法：将花菜放入保鲜袋，置于冰箱冷藏室保存，可保存一周。

焯烫法：将花菜切成小块，用放了少许食盐的开水焯烫，然后捞起，放凉，沥干，放入保鲜袋，再放进冰箱冷藏。

让蔬菜变干净

食盐清洗法：将花菜放在水龙头下冲洗，再切成小朵。将切好的花菜放进洗菜盆里，放一勺食盐，加水浸泡几分钟，换水洗净即可。

焯烫清洗法：将花菜放在水龙头下冲洗，然后用菜刀将花菜切成小朵。再倒入开水锅里焯烫一下，捞起沥干水即可。

认识这位蔬菜朋友

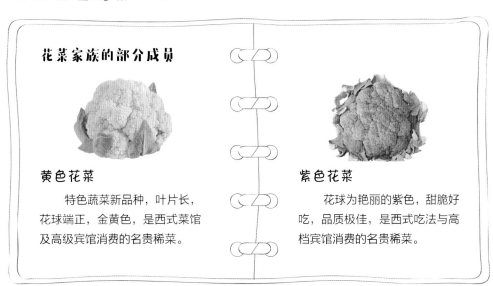

花菜家族的部分成员

黄色花菜

特色蔬菜新品种，叶片长，花球端正，金黄色，是西式菜馆及高级宾馆消费的名贵稀菜。

紫色花菜

花球为艳丽的紫色，甜脆好吃，品质极佳，是西式吃法与高档宾馆消费的名贵稀菜。

黄与红的搭配

火腿花菜

材料

花菜 200 克

火腿 100 克

盐 2 克

姜片、蒜末、葱段

各少许

食用油、水淀粉各适量

做法

1. 将洗净的花菜切小块；将洗好的火腿切片。

2. 锅中注水烧开，加盐、食用油，倒入花菜煮至断生，捞出。

3. 用油起锅，下入姜片、蒜末爆香，放入火腿片，拌炒。

4. 倒入焯过水的花菜，翻炒均匀。

5. 加入少许清水，放入适量盐，炒匀调味。

6. 倒入适量水淀粉勾芡，撒上葱段，拌炒均匀即可。

温馨提示

火腿的香味与花菜相结合，味道好，把花菜切小一点更加入味哦。

116

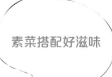

奶香口蘑烧花菜

 材料

花菜 150 克

西蓝花 40 克

口蘑 40 克

牛奶 20 毫升

盐 2 克

水淀粉、食用油各适量

 做法

1. 将洗净的花菜、西蓝花切小块，口蘑洗净打十字花刀。

2. 锅中注入清水烧开，放入口蘑拌匀，加入少许盐和食用油，放入花菜、西蓝花，煮至食材断生。

3. 捞出焯煮好的食材，沥干。

4. 油锅中倒入焯好的食材，加牛奶，将食材炒至熟透。

5. 加入盐炒入味，大火收汁，倒入水淀粉，勾芡即可。

温馨提示

牛奶的奶香和口蘑的香味，将花菜团团包围，使花菜变得更好吃了。西蓝花为菜品增添了一抹绿，丰富了色彩和营养。

117

西蓝花 ·绿色的大花球

西蓝花，是十字花科芸薹属一年生植物，与花菜和结球甘蓝同为甘蓝的变种。西蓝花含大量抗坏血酸，可提高机体杀菌能力，增强人体免疫力；同时能有效促进孩子的身体生长发育，增强记忆力。

挑选棒棒的蔬菜

观外形

以购买花蕾柔软饱满，花球表面无凹凸，花蕾紧密，中央隆起的西蓝花为宜。也可以看西蓝花梗的底部，没有缝隙的说明西蓝花较嫩，适宜购买。

看颜色

颜色乳白或绿色。如有泛黄迹象，说明已过度成熟或储存太久，不宜购买。

掂重量

用手掂西蓝花时，会有沉重的感觉。如果花球过硬或者花梗宽厚结实，则表示过老，不宜购买。

看切口

切口越湿润，说明越新鲜，宜购买。

保持蔬菜的新鲜

保存西蓝花可采用通风储存法、冰箱冷藏法、焯烫储存法。

通风储存法：直接将西蓝花放在阴凉通风的地方保存，可保存 2 ～ 3 天。

冰箱冷藏法：放入保鲜袋，再放入冰箱冷藏室保存，可保存一周。

焯烫储存法：将西蓝花用沸水快速烫一下，再用塑料袋包好，放入冰箱冷藏。

让蔬菜变干净

食盐清洗法：西蓝花表面可能依附着小虫，将西蓝花放在盐水里浸泡几分钟，让菜虫跑出来，再用清水冲洗，可去除残留的农药。

食用油清洗法：将西蓝花切成可供食用的小块，放入清水中浸泡 15 分钟左右，也可滴几滴食用油在水中，就能将埋伏在花朵里的小虫泡出来，再用清水洗净就行了。

认识这位蔬菜朋友

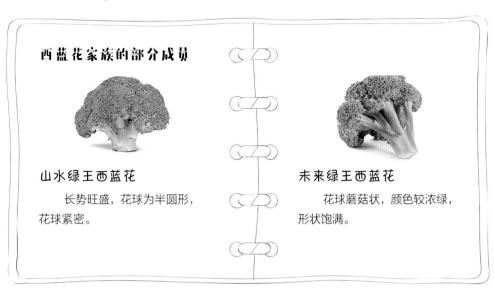

西蓝花家族的部分成员

山水绿王西蓝花
　　长势旺盛，花球为半圆形，花球紧密。

未来绿王西蓝花
　　花球蘑菇状，颜色较浓绿，形状饱满。

五颜六色

蔬果螺旋粉沙拉

材料

西蓝花 100 克

螺旋粉 70 克

圣女果 80 克

花菜 50 克

黑橄榄 30 克

盐 2 克

奶酪、橄榄油各适量

做法

1. 将洗净的圣女果、西蓝花、花菜、黑橄榄均切成小块。

2. 锅中注水烧开，倒入西蓝花和花菜煮至熟，捞出，沥干备用。

3. 倒入螺旋粉煮至熟，捞出备用。

4. 把螺旋粉、圣女果、西蓝花、花菜、黑橄榄、奶酪装入干净的玻璃碗中。

5. 加入盐、橄榄油，搅拌均匀，装入盘中即可。

温馨提示

沙拉丰富的色彩很容易吸引小朋友来食用。

多彩的串串

五彩蔬菜牛肉串

材料

西蓝花 200 克

牛肉 150 克

红彩椒 60 克

黄彩椒 60 克

盐 2 克

生抽 3 毫升

黑胡椒粉、水淀粉、白糖、
食用油各适量

做法

1. 将洗好的红、黄彩椒切小块；
   将洗净的西蓝花切小块；将处理好的牛肉切片，拍几下，加盐、生抽、白糖、水淀粉、
   食用油拌匀，腌渍入味。

2. 锅中注水烧开，加入盐、食用油、红彩椒、黄彩椒、西蓝花，搅匀，煮熟后捞出，
   沥干水分。

3. 起油锅，倒入牛肉，煎熟，撒上黑胡椒粉，捞出；取竹签，穿上彩椒、西蓝花、牛肉，
   做成数个牛肉串即可。

温馨提示

颜色丰富多彩的蔬菜肉串，孩子一定会喜欢。荤素搭配，好看又
好吃。

四季豆 · 代表福气的豆荚子

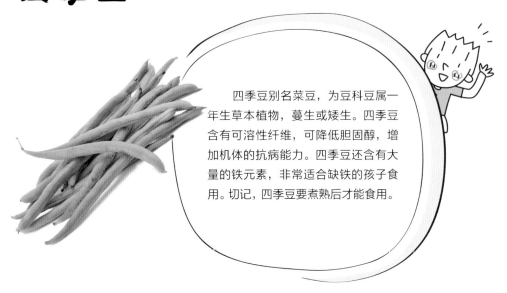

四季豆别名菜豆，为豆科豆属一年生草本植物，蔓生或矮生。四季豆含有可溶性纤维，可降低胆固醇，增加机体的抗病能力。四季豆还含有大量的铁元素，非常适合缺铁的孩子食用。切记，四季豆要煮熟后才能食用。

挑选棒棒的蔬菜

观外形

宜购买豆荚饱满，形态修长，表皮光亮，色泽嫩绿，没有虫痕，较光滑的四季豆。

看颜色

四季豆若表皮发黄，纤维较为明显，没有弹性，出现褐色斑点，表明新鲜程度较低。

保持蔬菜的新鲜

四季豆如果存放在常温状态下，就不能储存很久。为了更好地保存四季豆，通常直接用塑料袋装好，放入冰箱冷藏，能保存 5 ～ 7 天。

让蔬菜变干净

食盐清洗法：将四季豆放进盆里，注入清水，加少许食盐，浸泡 20 分钟左右；然后将四季豆的头、尾及老筋除去；再用清水冲洗 2 ～ 3 遍，沥干水即可。

淘米水清洗法：将四季豆放进盆里，注入清水，加入淘米水，浸泡 10 ～ 15 分钟；将四季豆的头、尾及老筋除去；用清水冲洗 2 ～ 3 遍，沥干水即可。

认识这位蔬菜朋友

四季豆起源于南美洲，又叫芸豆。在浙江，四季豆也叫清明豆，在中国北方则叫豆角。"豆"与"豆蔻年华"巧妙契合，意为风华正茂，朝气蓬勃，是父母对儿女的期盼。四季豆在东方文化里又称为"福豆"，谐音为"福寿"，意为幸福安康，是后辈对长者的心愿。孩子们借此可以多了解中国文化哦。

蔬菜与海鲜巧搭配

鱿鱼须炒四季豆

材料

四季豆 100 克

鱿鱼须 80 克

黄彩椒 20 克

红彩椒 20 克

盐 2 克

白糖 3 克

食用油适量

做法

1. 四季豆切小段；彩椒切粗条；鱿鱼须切段。

2. 锅中加少许盐烧水，倒入四季豆煮至断生，捞出沥干。

3. 锅中再倒入鱿鱼须，汆去杂质，捞出沥干。

4. 热锅注油，放入鱿鱼须，快速翻炒均匀，倒入彩椒、四季豆，加入盐、白糖，炒熟即可。

温馨提示

　　四季豆与鱿鱼的搭配，不仅中和了口感，还为儿童提供了更为丰富的营养。鱿鱼中含有儿童成长发育所需的锌和 DHA。

脆香可口

四季豆脆棒

 材料

四季豆 125 克　　熟花生碎 10 克

中筋面粉 70 克　　盐 2 克

玉米粉 20 克

蛋黄 1 个

无铝泡打粉 15 克

气泡水、食用油各适量

黑芝麻 5 克

 做法

1. 将四季豆洗净,切成段备用。

2. 在锅中烧开水,放入四季豆焯熟,沥干水。

3. 将玉米粉、中筋面粉、盐、无铝泡打粉一起过筛,用一个大碗盛装,加入蛋黄、气泡水慢慢地混合均匀成面糊。

4. 在锅中倒入油烧热,将四季豆粘上面糊,放入油锅中炸至金黄。

5. 捞出四季豆放在洁净的吸油纸上吸一下油,盛盘,撒上黑芝麻、熟花生碎即可。

温馨提示

　　孩子不爱吃四季豆的话,将它做成这种香脆可口的小零食是个好办法,黑芝麻与熟花生碎更增添了其香味。

扁豆 · 扁扁的很好吃

扁豆，又叫菜豆，一年生草本植物，茎蔓生，是豆科扁豆属植物。扁豆种皮上含有丰富的食物纤维，具有防止便秘的功效，还具有除湿止泻的功效。和四季豆一样，扁豆也要煮熟后才能食用。

挑选棒棒的蔬菜

观外形

应选择较光亮，肉较多，不显籽的扁豆为好，这样的扁豆较新鲜。

看颜色

扁豆只有红荚种可荚、粒兼用，鼓粒的口感也好。青荚种以及青荚红边种都以嫩荚口感更好，不要买鼓粒的。

保持蔬菜的新鲜

冰箱冷藏法：将扁豆装入保鲜袋，挤掉空气，将口扎好，再放入冰箱冷藏室保存。

焯烫储存法：用开水将其煮到八分熟的时候捞出，冷却后用保鲜袋装好放入冰箱。

让蔬菜变干净

扁豆不宜直接用清水清洗,因为在表面很可能有农药残留,正确的方法是用食盐水清洗:将扁豆浸泡在清水中,水中放少量的食盐,浸泡 10 ~ 15 分钟之后捞出,去掉荚茎,用清水清洗干净即可。

认识这位蔬菜朋友

扁豆家族的部分成员

红镶边绿扁豆

外形美观,色彩斑斓,肉质鲜嫩,芳香独特,口感爽滑。

猪耳朵扁豆

嫩荚像小猪的耳朵,浅绿色,肉质鲜嫩,味道鲜美。

健康好滋味

扁豆芦笋三明治

 材料

白吐司 2 片

芦笋 4 根

扁豆 35 克

芝士 2 片

橄榄油适量

盐少许

 做法

1. 将芦笋、扁豆洗净，将芦笋去根切成两段，扁豆切细条。锅中倒入水烧开，放入芦笋、扁豆，加入盐，焯熟后捞出。

2. 在 1 片吐司上放上 1 片芝士，交替摆放芦笋和扁豆，盖上 1 片芝士，再盖上另外 1 片吐司片，夹紧。

3. 平底锅中倒入橄榄油加热。

4. 摆上夹好的吐司，用锅铲压住吐司，小火煎出焦色时翻面，再煎片刻。

5. 盛出，放在砧板上，沿对角线切成 4 瓣即可。

遇热融化了的芝士紧紧地包裹着扁豆和芦笋，咬一口，非常美味。

 温馨提示

多彩沙拉

扁豆西红柿沙拉

材料

扁豆 150 克　　盐少许

西红柿 70 克　　沙拉酱适量

玉米粒 50 克

白醋 5 毫升

橄榄油 9 毫升

白胡椒粉 2 克

做法

1. 将洗净的扁豆切成块；洗净
   的西红柿切开，去蒂，再切
   成小块。

2. 锅中注入适量清水，用大火
   烧开，倒入扁豆，搅匀，煮
   至熟，捞出，放入凉开水中过凉，捞出，沥干水分。

3. 把玉米粒倒入开水中，煮至断生，捞出，放入凉开水中过凉，捞出，沥干水分，备用。

4. 将放凉后的食材装碗，倒入西红柿，加盐、白胡椒粉、橄榄油、白醋，搅匀，装入盘中，
   挤上沙拉酱即可。

温馨提示

酸甜的西红柿搭配爽口的扁豆，再加上美味沙拉酱，非常可口。

豇豆 ·身体又长又细

豇豆又名豆角，一年生缠绕、草质藤本或近直立草本，有时顶端缠绕状，是豆科豇豆属植物。豇豆所含的B族维生素能维持正常的消化腺分泌和胃肠道蠕动的功能，可帮助消化，增进食欲，适合脾胃虚弱、消化不良的孩子。

挑选棒棒的蔬菜

观外形

一般以豇豆粗细均匀、饱满的为佳，而裂口、皮皱、条过细无子、表皮有虫痕的豇豆则不宜购买。

看颜色

一般以色泽鲜艳、透明有光泽的豇豆为好，适宜购买。

保持蔬菜的新鲜

豇豆不能在常温状态下存放很久，可采用通风储存法、冰箱冷冻法储存。

通风储存法：鲜豇豆采用塑料袋密封保鲜，置于温度10℃～25℃的阴凉通风处。如果温度过低或过高，则烹饪出来的口感会很差。

冰箱冷冻法： 如果想保存得更久一点，最好将豇豆洗干净后用盐水焯烫，并沥干水分，再放进冰箱中冷冻。

让蔬菜变干净

食盐清洗法： 豇豆应先用淡盐水浸泡 10 ~ 15 分钟，以去除表面的农药残留物，然后冲洗干净即可。

焯烫清洗法： 豇豆先用流水冲洗一遍，以去除表面杂质，切段，放入沸水中焯一遍，在颜色稍变时捞出，之后再用清水冲洗一遍即可。

认识这位蔬菜朋友

豇豆原产于印度和缅甸，是世界上最古老的蔬菜作物之一。豇豆在早期是通过埃及和其他阿拉伯国家传至亚洲及地中海区域的。豇豆主产地为热带非洲及亚洲的热带地区，我国豆角种类仅占本属种类的约 1/10。但据文献记载，《广韵》一书即有"豇"字，苏轼也有咏豇豆的诗。感兴趣的小朋友也可以多了解一下呢。

切丁作内馅

豇豆包子

 材料

面粉 200 克

酵母粉 10 克

豇豆 125 克

猪肉末 200 克

葱花 30 克

姜末少许

盐 2 克

胡椒粉 2 克

生抽 5 毫升

 做法

1. 将发酵粉用温水化开，倒入面粉中和成面团。

2. 将豇豆洗净切小丁，放肉末、姜末、葱花、盐、胡椒粉、生抽，搅拌均匀制成馅料。

3. 面团搓成条，切成合适大小的块儿，揉圆，再擀成圆皮，加入馅料捏成包子。

4. 将包子放入蒸锅蒸熟即可。

温馨提示

豇豆被切成小丁，与猪肉混合成馅料包在包子里，不给孩子挑拣的机会，香喷喷的味道很容易受到孩子的欢迎；另外，搓揉面团时可以在案台上摔几次，这样做出的包子皮才有劲道。

红橙黄绿

彩虹炒饭

 材料

凉米饭 200 克　　蛋液 60 克

火腿肠 80 克　　红彩椒 20 克

豇豆 60 克　　葱花少许

青豆 30 克　　盐 2 克

鲜玉米粒 45 克　食用油适量

 做法

1. 将洗净的红彩椒去籽,切丁; 洗净的豇豆切粒；火腿肠切条，再切丁。

2. 锅中注清水烧开,放入青豆、玉米粒、豇豆，搅匀，焯片刻，至食材断生。

3. 捞出焯好的食材，沥干水分，备用。

4. 用油起锅，倒入蛋液，翻炒熟，加入火腿肠，炒匀。

5. 倒入焯好的食材，放入备好的红彩椒、米饭，炒匀、炒散。

6. 放入盐炒匀调味。

7. 最后放入葱花，翻炒匀即可。

 温馨提示

丰富的食材、丰富的色彩，能提高孩子的食欲；豇豆被切成了小粒，混合在各色的食材中，小朋友在大口吃饭时就能吃掉豇豆。

豌豆 · 像睫毛一样弯弯

豌豆，又叫胡豆，春播一年生草本植物。它的豆弯弯曲曲,因此叫豌(与 "弯" 谐音) 豆。豌豆中的 B 族维生素可以促进糖类和脂肪的代谢。豌豆荚含有较丰富的膳食纤维,有清肠作用,可以防止便秘,有助于孩子的肠胃健康。

挑选棒棒的蔬菜

买豌豆时,可根据外形、手感来判断其品质优劣。

观外形

荚果扁圆形表示其正值最佳的成熟度;荚果正圆形表示已经过老,筋 (背线) 凹陷也表示过老。豌豆上市的早期要买饱满的,后期要买偏嫩的。

手感

把豌豆拿在手上感觉脆脆的,会有响声的,表示新鲜程度高。

保持蔬菜的新鲜

冰箱冷藏法: 买的青豌豆不要洗,直接放冰箱冷藏。

冰箱冷冻法: 如果是剥出来的豌豆粒,就适合冷冻保存,但最好在一个月内吃完。

带荚豌豆可直接放在淡盐水中浸泡 20 分钟左右，以去除表面的农药残留，在捞出之前用手轻微搅动，之后用清水冲洗两到三遍即可，沥干备用。

认识这位蔬菜朋友

豌豆起源于亚洲西部和地中海地区，大约在石器时代就出现了豌豆。据说，考古学家在古埃及图坦卡蒙法老的墓穴中发现了豌豆粒。后来，人们慢慢地接受了这种绿油油的小豆子。这样可爱又好吃的小豆子深受人们欢迎。

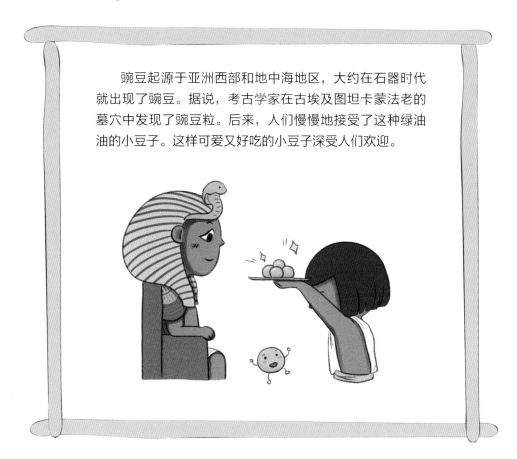

绿绿的浓汤

薄荷豌豆汤

 材料

豌豆粒 100 克

薄荷叶 3 克

洋葱 8 克

鸡骨高汤 80 毫升

黄油 8 克

盐、面浆、奶油各适量

 做法

1. 将洋葱洗净切末；薄荷叶洗净。

2. 炒锅中放入黄油加热，下洋葱末炒香，倒入豌豆粒、鸡骨高汤，煮沸后加盐和面浆，煮约 5 分钟。

3. 倒入搅拌机，搅打成浆，再倒入汤锅中煮约 5 分钟，至浓稠。

4. 将煮好的洋葱豌豆汤盛入碗中，用奶油在上面裱出花的形状，放上薄荷叶。

温馨提示

青绿的颜色看起来清新怡人，能促进孩子的食欲。

豌豆鹌鹑蛋沙拉

材料

豌豆粒 50 克　　莳萝少许

鹌鹑蛋 50 克　　橄榄油 10 毫升

南瓜 40 克　　　盐适量

玉米粒 40 克　　白醋适量

白萝卜 10 克

做法

1. 锅中注入适量清水烧开，放入洗净的豌豆粒、玉米粒，氽煮一会儿至熟，捞出，沥干，装盘备用。

2. 鹌鹑蛋放入水中煮熟，捞出，放凉后剥壳，切成小瓣。

3. 将白萝卜洗净，切条；将南瓜去皮，切丁。分别将白萝卜条和南瓜丁倒入沸水锅中，焯水片刻，捞出。

4. 将以上所有食材装入碗里。

5. 加入橄榄油、盐、白醋、莳萝搅拌均匀即可。

温馨提示

　　莳萝的味道辛香甘甜，温和而不刺激，放到沙拉中能够增加风味；青青的豌豆与各色的食材搭配起来很漂亮，能吸引孩子；可以让孩子来搅拌食材，自己参与制作的食物会感觉更好吃。

137

豆芽 ·小豆子发芽啦

豆芽又叫豆芽菜，传统的豆芽是指黄豆芽，后来市场上逐渐开发出绿豆芽、黑豆芽等新品种。豆芽含有丰富的维生素C，能保护血管，还可促进孩子的骨骼发育。绿豆芽含有纤维素，与韭菜同炒或凉拌，可防止儿童便秘。

挑选棒棒的蔬菜

观外形

新鲜豆芽茎白、根小，芽身挺直，长短合适，芽脚不软，无烂根、烂尖现象。如果茎和根呈茶色且较萎软，说明发芽的豆质不新鲜，不宜购买。

闻气味

新鲜豆芽有豆芽固有的鲜嫩气味，无异味。

摸软硬

新鲜豆芽脆嫩，且不容易折断。

保持蔬菜的新鲜

冰箱冷藏法： 放入干净的塑料袋内，置于冰箱内冷藏。

焯烫储存法： 可以把豆芽用开水烫一下，然后泡在凉水里，一天换一次水，能保存一个星期。

让蔬菜变干净

推荐合适的方法清洗豆芽上的化学残留。

食盐清洗法： 除去豆芽的根须后，用清水浸泡 20 ~ 30 分钟，也可以加点盐，烹饪之前略冲洗即可。

焯烫清洗法： 将豆芽浸水，使杂质溶解在水里，再放入加了醋的热水中烫 30 秒，之后再捞出，用流水冲洗两遍即可。

认识这位蔬菜朋友

将豆子浸泡在水里，放在阴凉处，长出来的嫩芽就是豆芽，而不是某一种植物的名字哦，我们吃的主要部分为下胚轴。在古代的时候，中国人就开始吃豆芽了，在宋朝时，吃豆芽已相当普遍。小朋友们在家里也可以多认识豆子的结构。

好吃又开胃

山楂银芽

材料

绿豆芽 70 克

山楂 30 克

黄瓜 60 克

芹菜 50 克

白糖 5 克

水淀粉 3 毫升

食用油适量

做法

1. 把洗净的芹菜切成段；洗净的黄瓜切成丝。

2. 用油起锅，倒入洗净的山楂，略炒片刻。

3. 放入黄瓜丝，翻炒至熟软，下入绿豆芽，翻炒均匀。

4. 倒入芹菜，快速拌炒均匀。

5. 加入白糖，炒匀调味。

6. 倒入适量水淀粉，拌炒一会儿至食材熟透，盛出装盘即可。

温馨提示

加入了酸酸甜甜的山楂，丰富了菜品的滋味，有助于开胃消食。

酸甜可口

柠檬豆芽汁

 材料

柠檬 60 克

绿豆芽 150 克

蜂蜜 30 克

纯净水 80 毫升

 做法

1. 将洗好的柠檬切瓣，去皮去核，切块。

2. 在沸水锅中倒入洗净的绿豆芽，汆烫 20 秒至断生，捞出后沥干水分。

3. 榨汁机中倒入汆好的绿豆芽，加入柠檬块，注入 80 毫升纯净水。

4. 盖上盖，榨约 35 秒成蔬果汁。将榨好的蔬果汁倒入杯中，淋上蜂蜜，即可饮用。

温馨提示

柠檬和蜂蜜的加入，使蔬果汁可口美味。孩子在享用的同时，也一并吸收了绿豆芽的营养，可以跟孩子说好喝的饮料里有绿豆芽，提高孩子对其的好感度。

豌豆苗 ·初生的小绿苗

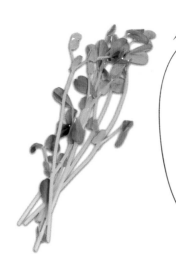

豌豆苗是从种子萌芽的，带种子或不带种子的豌豆初生芽。豌豆芽苗茎叶绿油油的，且非常柔嫩，美味可口，富含维生素 A、维生素 C、钙、磷等成分，可增强人体免疫力。

豌豆苗含有大量的镁以及叶绿素，有助于体内毒素的排出，能保护孩子的肝脏。

挑选棒棒的蔬菜

观外形

购买豌豆苗时最好挑选大叶茎直，新鲜肥嫩的品种。

看颜色

以叶身幼嫩，叶色青绿呈小巧形状为优。

保持蔬菜的新鲜

因豌豆苗叶子含有较多水分，故不宜保存，建议现买现食，必要时可控干表面水分，放入已打洞的保鲜袋，存入冰箱冷藏。

让蔬菜变干净

豌豆苗表面很可能有化学成分残留，可以选用以下方法清洗。

食盐清洗法： 先将豌豆苗的老梗以及黄叶摘除，然后将豌豆苗浸泡在淡盐水中 15 ~ 20 分钟，之后捞出用流水冲洗三四遍即可。

淘米水清洗法： 将豌豆苗浸泡在淘米水中 45 分钟后清洗，可有效去除农药残留，也更容易去除杂质。

认识这位蔬菜朋友

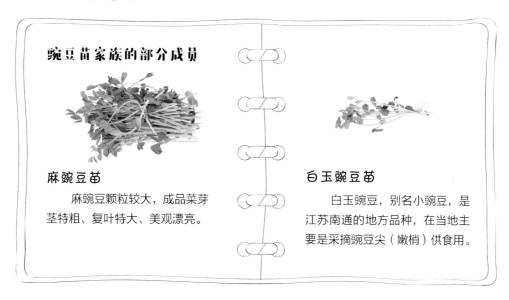

豌豆苗家族的部分成员

麻豌豆苗

　　麻豌豆颗粒较大，成品菜芽茎特粗、复叶特大、美观漂亮。

白玉豌豆苗

　　白玉豌豆，别名小豌豆，是江苏南通的地方品种，在当地主要是采摘豌豆尖（嫩梢）供食用。

翡翠米饼

香糯小圆饼

材料

豌豆苗 60 克

玉米粉 50 克

糯米粉 120 克

核桃碎适量

橄榄油 15 毫升

开水适量

盐少许

做法

1. 将豌豆苗清洗干净，切碎备用。

2. 取一个大碗，将所有干粉类过筛，再将豌豆苗碎、盐加入其中，慢速加入开水搅拌成面团。

3. 将步骤 2 中的面团揉成圆形并压扁成饼状。

4. 将米饼两面粘上核桃碎，撒上适量的盐。

5. 将平底锅加热，倒入橄榄油烧热，将米饼煎至两面金黄即可。

温馨提示

豌豆苗碎融合在小圆饼中，为小圆饼增添了清香，也不用担心孩子挑拣了；核桃碎的加入也为其增添了香味，味道很好。

145

增添一缕清香

酱油炒面

材料

豌豆苗 60 克

熟面条 250 克

瘦肉 85 克

葱花少许

盐 3 克

白胡椒粉、料酒各少许

生抽 3 毫升

水淀粉、食用油各适量

 做法

1. 将洗净的瘦肉切丝，装入碗中，用料酒、盐、白胡椒粉、水淀粉、食用油拌匀，腌渍一会儿。

2. 用油起锅，倒入腌好的肉丝，炒至其转色，撒上葱花，炒出香味。

3. 倒入熟面条，放入洗净的豌豆苗，炒匀。

4. 淋入生抽，加入盐炒匀调味，至食材全部熟透后盛出即可。

 **温馨提示**

　　翠绿的豌豆苗为这道主食增添了绿意，它的清香与酱油炒面的咸香很搭。

PART 5

瓜茄类

瓜茄类蔬菜大部分是夏秋季节上市的，是矿物质与维生素的重要来源。瓜茄类蔬菜含有大量的水分，水分含量达 70% ~ 80%，夏天食用补充水分的效果好，孩子身体也棒棒的。

西葫芦 · 身材苗条又匀称

西葫芦别名茄瓜，一年生草质藤本（蔓生），因品种多样，可荤可素、可菜可馅而深受人们喜爱。西葫芦能调节人体代谢，有清热利尿、润肺止咳、消肿散结、减肥等功效，还可提高人体免疫力。

挑选棒棒的蔬菜

观外形

西葫芦应选择新鲜，瓜体周正，表面光滑无疙瘩，不伤不烂者。

看颜色

西葫芦要选择色鲜质嫩者。

掂重量

西葫芦个头应大小适中，以每个 500 克左右为佳。

摸软硬

可用手摸，如果发空、发软，说明西葫芦已经老了。

保持蔬菜的新鲜

保存西葫芦可采取通风储存法或冰箱冷藏法。

通风储存法：把西葫芦放在屋内阴凉通风处，不要沾水，也不要随意移动和磕碰，这样可以多保存一些时间。

冰箱冷藏法：对个头不是很大的西葫芦，将表皮上的水擦干，用保鲜袋装好，直接放在冰箱冷藏室保存，可保存 3 ~ 5 天。

让蔬菜变干净

食盐清洗法：往盆里加入清水和适量的食盐，搅匀，将西葫芦浸泡其中，10 ~ 15 分钟后捞出去皮，再用流水冲洗一下，沥干水分即可。

淀粉清洗法：将西葫芦放在盆里，加入适量的淀粉和清水搅匀，浸泡 15 分钟后再用清水冲洗几遍，沥干水分即可。

认识这位蔬菜朋友

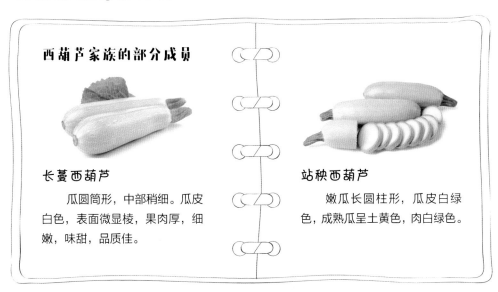

西葫芦家族的部分成员

长蔓西葫芦

瓜圆筒形，中部稍细。瓜皮白色，表面微显棱，果肉厚，细嫩，味甜，品质佳。

站秧西葫芦

嫩瓜长圆柱形，瓜皮白绿色，成熟瓜呈土黄色，肉白绿色。

酸甜西葫芦

交通指示灯的颜色

材料

西葫芦 120 克

红彩椒 8 克

黄彩椒 7 克

蒜末少许

盐 2 克

白糖 2 克

白醋 5 毫升

食用油、水淀粉各适量

做法

1. 将洗净的西葫芦切菱形片；洗好的红彩椒、黄彩椒去籽,切菱形片。

2. 用油起锅,倒入蒜末、红彩椒爆香,再倒入黄彩椒、西葫芦片,拌炒均匀。

3. 放入盐、白糖,再倒入白醋,翻炒匀至西葫芦入味。

4. 最后加入水淀粉勾芡即可。

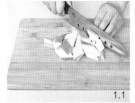

**温馨提示**

　　将食材切成好看的菱形,能提升孩子对菜品的兴趣；红、黄彩椒丰富了菜品的颜色,酸甜多汁味道好。

果仁拌西葫芦

月半弯弯

材料

花生米 10 克

腰果 10 克

西葫芦 100 克

盐 2 克

芝麻油 2 毫升

食用油、蒜末各适量

**做法**

1. 洗净的西葫芦去籽，切成半月形片。

2. 锅中注入适量清水烧开，加盐、西葫芦拌匀，倒入适量食用油，煮至熟，捞出。

3. 锅中放入花生米、腰果小火炒熟，盛出，去除花生米的红衣。

4. 西葫芦中加入盐、蒜末、芝麻油拌匀，倒入花生米和腰果拌匀即可。

4

**温馨提示**

西葫芦半月形的好看形状、坚果的香脆，都能让小朋友喜欢。

茄子 · 我的颜色很少见

茄子又名矮瓜，草本或亚灌木植物，是为数不多的紫色蔬菜之一，也是餐桌上十分常见的家常蔬菜。茄子含丰富的维生素P，这种物质能增强人体细胞间的附着力，防止微血管破裂出血。夏天吃茄子可清热解暑，对于容易长痱子、生疮疖的孩子尤为适宜。

挑选棒棒的蔬菜

购买茄子时，可根据外形、颜色、重量来判断其品质优劣。

观外形

茄子以果形均匀周正，无裂口、腐烂、锈皮、斑点的为佳品。

看颜色

茄子一般以深黑紫色，具有光泽，蒂头带有硬刺的最为新鲜。

掂重量

将茄子拿在手里，感觉轻的较嫩，感觉重的大都太老，且不好吃。

保持蔬菜的新鲜

通风储存法：用保鲜袋或保鲜膜将长茄子包裹好，放入干燥的纸箱中，置于阴凉通风处保存即可。

冰箱冷藏法：将茄子入保鲜袋中，放在冰箱冷藏室保存即可。

让蔬菜变干净

食盐清洗法：将茄子放入盛有清水的盆中，加入适量的食盐，浸泡 10 ~ 15 分钟，用手搓洗一下，然后去蒂，再用清水冲洗干净，沥干水即可。

淘米水清洗法：将茄子放在盛有适量淘米水的盆中，浸泡 15 分钟左右捞出，去蒂，再用清水将茄子冲洗干净，沥干水即可。

认识这位蔬菜朋友

茄子原产于印度，茄科茄属类植物。和前面的土豆不同的是，茄子是长在茄子秧上的，而不是地里，小朋友们不妨去观察观察。在公元 5 世纪时，茄子从印度传到了中国和非洲。南北朝时期栽培的茄子是圆圆的，与野生形状相似。元代培养出了长形的茄子。

又软又香

肉末茄泥

材料

肉末 90 克

茄子 120 克

上海青少许

盐、生抽、食用油

各少许

做法

1. 将茄子洗净，去皮切成条；上海青洗净，切成碎末。

2. 把茄子放入烧开的蒸锅中，用中火蒸至熟，取出放凉后剁成泥。

3. 用油起锅，倒入肉末炒至松散、变色，放入生抽炒香后，放入上海青、茄子泥，加少许盐，翻炒均匀至所有食材熟透即可。

温馨提示

把茄子剁成泥状更加入味，入口即有肉香味，上海青末的加入丰富了菜品的颜色和营养。

蔬菜与主食的结合

茄子意大利面

 材料

意大利面 200 克

茄子 150 克

西红柿 100 克

蒜末 5 克

番茄酱 100 克

帕尔马奶酪粉 25 克

百里香碎、橄榄油、盐各适量

 做法

1. 将意大利面煮熟，捞出沥干水分；茄子洗净切半圆片；西红柿洗净切丁，备用。

2. 烧热的锅中注入橄榄油，放入蒜末、茄子片、西红柿丁、百里香碎翻炒至食材断生。

3. 加盐、番茄酱、帕尔马奶酪粉、意大利面炒匀即可。

 **温馨提示**

酸甜的西红柿与茄子是很好的搭配组合。

黄瓜 · 水嫩嫩的小黄瓜

黄瓜，也称青瓜，是葫芦科一年生蔓生草本植物。黄瓜具有提高人体免疫功能的作用；含有维生素 B_1，对改善大脑和神经系统功能有利；所含的丙醇二酸，可抑制糖类物质转变为脂肪，有利于减肥强体，预防孩子在成长中偏向肥胖发育。

挑选棒棒的蔬菜

观外形

应选择条直、粗细均匀的黄瓜。带刺、挂白霜的瓜为新摘的鲜瓜，瓜鲜绿、有纵棱的是嫩瓜。

看颜色

挑选时选择新鲜水嫩的黄瓜，而颜色深绿色、黄色或近似黄色的瓜为老瓜。

掂重量

可以用手掂一掂重量，相同大小的黄瓜应选择重一点的，这样的黄瓜才不是空心的。

摸软硬

应选择有弹力，较硬的黄瓜为最佳。瓜条、瓜把枯萎的黄瓜，说明采摘后存放时间长了。

冰箱冷藏法：保存黄瓜时，将表面的水分擦干，再放入保鲜袋中，封好袋后放入冰箱冷藏即可。

保鲜袋装藏法：将黄瓜装入保鲜袋中，每袋 1 ～ 1.5 千克，松扎袋口，放入室内阴凉处，夏季可贮藏 4 ～ 7 天，秋冬季室内温度较低时可贮藏 8 ～ 15 天。

让蔬菜变干净

食盐清洗法：将黄瓜简单冲洗一下，再放入洗菜盆中，倒入适量清水，加入少量的食盐，搅拌均匀，浸泡 15 分钟。用清水冲洗干净，沥干水即可。

果蔬清洁剂清洗法：将黄瓜放在清水中，倒入果蔬清洗剂，浸泡 15 分钟左右。用手搓洗一下，再用清水冲洗几遍，沥干水即可。

认识这位蔬菜朋友

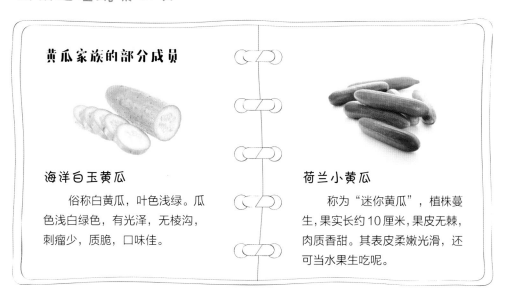

黄瓜家族的部分成员

海洋白玉黄瓜

俗称白黄瓜，叶色浅绿。瓜色浅白绿色，有光泽，无棱沟，刺瘤少，质脆，口味佳。

荷兰小黄瓜

称为"迷你黄瓜"，植株蔓生，果实长约 10 厘米，果皮无棘，肉质香甜。其表皮柔嫩光滑，还可当水果生吃呢。

黄瓜鸡蛋三明治

美味小三角

材料

黄瓜 50 克

杂粮吐司 2 片

蛋白液 100 克

香菜叶少许

沙拉酱适量

橄榄油 10 毫升

做法

1. 将黄瓜洗净，切成薄片，备用。

2. 将烤箱温度调至上、下火 160℃，
   将杂粮吐司放入烤箱中，烘至微热。

3. 在烧热的锅中注入橄榄油，将蛋白
   液倒入锅中，快速翻炒成小块状，
   炒至熟后盛出。

4. 将杂粮吐司平铺，挤上少许沙拉酱，
   再平铺上蛋白。

5. 在蛋白上挤少许沙拉酱，再平铺
   上黄瓜片，再挤上沙拉酱，将另 1
   片杂粮吐司放到最上面。

6. 吃的时候将三明治放到案板上，用
   刀将三明治沿对角切开，撒上洗净
   的香菜叶即可。

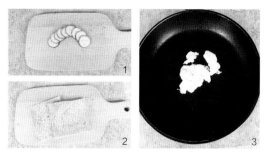

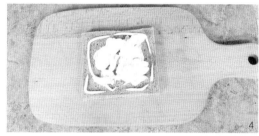

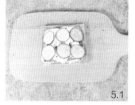

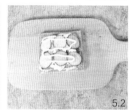

 **温馨提示**

清新的口味、独特的造型能够
吸引孩子，简约的食材组合更能突
显黄瓜的清香味。

清新鲜美

黄瓜虾仁粥

材料

黄瓜 20 克

水发大米 35 克

虾仁 20 克

芝麻油、盐各适量

做法

1. 将洗净的黄瓜切开，切成小丁，备用。

2. 锅中注水烧开，倒入洗净的大米，煮开后用小火煮30分钟。

3. 揭开锅盖，倒入虾仁、切好的黄瓜拌匀，煮至沸。

4. 淋入适量芝麻油，加入少许盐，拌匀。

5. 关火后盛出煮好的粥即可。

温馨提示

　　将黄瓜切成小丁融入粥中，为米粥增添清香，再配上虾仁肉质的鲜美，很好吃。

薄荷叶来加入

黄瓜苹果汁

材料

黄瓜 80 克

苹果 50 克

柠檬 30 克

薄荷叶适量

做法

1. 将黄瓜洗净，切小块。

2. 将苹果洗净去皮，切小块。

3. 柠檬用清水冲洗干净，切薄片。

4. 将上述食材与洗净的薄荷叶一起放进榨汁机中，搅拌成液态，即可装杯享用。

**温馨提示**

一般小朋友都喜欢喝果汁，这款蔬果汁是苹果、柠檬与黄瓜的完美融合，再加上薄荷叶的清爽芳香，既营养又好喝。

冬瓜 · 又高又壮的大个子

冬瓜又叫枕瓜，葫芦科冬瓜属一年生蔓生植物。瓜熟之际，表面上有一层白粉状的东西，就像是冬天所结的白霜，因此虽生于夏季而名为"冬瓜"。冬瓜所含的膳食纤维高达0.8%，其富含丙醇二酸，能有效控制体内的糖类转化为脂肪，防止体内脂肪堆积，并消耗多余的脂肪，可预防儿童肥胖。

挑选棒棒的蔬菜

选购冬瓜时，可根据外形、颜色、重量等来判断其品质优劣。

观外形

外表如炮弹般的长棒形，以瓜条匀称，表皮有一层粉末，不腐烂，无伤斑的为好。

看颜色

冬瓜在夏天食用，一般是切开出售，以瓜皮呈深绿色，瓜肉雪白为宜。

掂重量

一般重量比较重的冬瓜质量较好，瓜身较轻的，可能已变质。

看瓜籽

切开冬瓜，如果种子已成熟，并变成黄褐色，这种瓜一般口感比较好。

保持蔬菜的新鲜

通风储存法：将冬瓜切开以后，略等片刻，切面上会出现星星点点的黏液，用无毒的干净塑料薄膜贴上，存放时间会更长。

冰箱冷藏法：整个冬瓜可以放在常温下保存；切开后，应用保鲜膜包起，再放在冰箱的蔬果室内保存，可保存 3 ~ 5 天。

让蔬菜变干净

烹制冬瓜前要先去皮，洗净，再去瓤。用削皮刀将冬瓜的外皮切去，用手将冬瓜中间的籽掏干净，将处理好的冬瓜冲洗干净即可。

认识这位蔬菜朋友

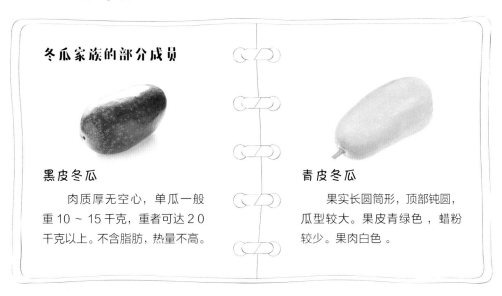

冬瓜家族的部分成员

黑皮冬瓜

　　肉质厚无空心，单瓜一般重 10 ~ 15 千克，重者可达 2 0 千克以上。不含脂肪，热量不高。

青皮冬瓜

　　果实长圆筒形，顶部钝圆，瓜型较大。果皮青绿色，蜡粉较少。果肉白色。

橙香冬瓜

圆圆的小球

材料

冬瓜 150 克

橙汁 50 毫升

蜂蜜 15 毫升

 做法

1. 将去皮洗净的冬瓜去除瓜瓤，用冰淇淋勺挖出冬瓜球，装入盘中待用。

2. 锅中注入适量水，用大火烧开，倒入冬瓜球，搅拌均匀，中火煮约 2 分钟，煮熟，捞出，沥干水分。

3. 用吸油纸吸干冬瓜球表面的水分，放入碗中。

4. 倒入备好的橙汁，淋入蜂蜜。

5. 快速搅拌均匀，静置约 2 小时，至其入味。

6. 捞出冬瓜球盛入碗中即可。

 **温馨提示**

　　好看的造型、橙子的香味、蜂蜜的甜蜜，让孩子不得不爱。

花形冬瓜佐肉末酱

造型可爱多样

材料

冬瓜 350 克

肉末 100 克

生抽、水淀粉、食用油各适量

做法

1. 将冬瓜去皮洗净，用模具压出可
   爱的造型，切成相对薄的块儿。

2. 锅中烧开水，倒入冬瓜煮熟，捞出。

3. 锅中倒入食用油烧热，将肉末倒
   入锅中打散，炒至变色，加入生抽、
   水淀粉，炒至浓稠，炒熟。

4. 将冬瓜摆盘，淋上肉酱即可。

1.1　1.2

2

3

温馨提示

　　冬瓜被压成一颗颗五角星、爱心、花朵的形状，
从视觉上下功夫，吸引孩子；香喷喷的肉末酱与
冬瓜的清淡爽口搭配起来会很好吃。

西红柿 · 红彤彤的小脸在害羞呢

西红柿别名番茄,茄科番茄属植物。西红柿外形美观,色泽鲜艳,汁多肉厚,酸甜可口。其中西红柿含有的苹果酸、柠檬酸等有机酸,能促使胃液分泌,加速对脂肪及蛋白质的消化;西红柿所含的维生素A,可预防白内障,适合夜盲症和近视者食用;番茄红素能抑制视网膜黄斑变性,保护视力,不妨多吃西红柿哦。

挑选棒棒的蔬菜

购买西红柿时,可根据外形、颜色、重量来判断其品质优劣。

观外形

西红柿一般以果形周正,圆润、丰满、肉肥厚,无裂口、虫咬的为佳。

看颜色

宜挑选富有光泽、色彩红艳的西红柿,不要购买着色不匀、花脸的西红柿。有蒂的西红柿较新鲜,蒂部呈绿色的更好。

掂重量

质量较好的西红柿手感沉重,如若是个大而轻的说明是中空的西红柿,不宜购买。

保持蔬菜的新鲜

通风储存法：将西红柿放入保鲜袋中，扎紧口，放在阴凉通风处，每隔一天打开袋子透透气，擦干水珠后再扎紧。

冰箱冷藏法：将西红柿装到保鲜袋中时需将蒂头朝下分开放置（若将西红柿重叠摆放，重叠的部分会较快腐烂），再放入冰箱冷藏室保存，可保存一周左右。

让蔬菜变干净

食盐清洗法：在洗菜盆中加入清水和少量的食盐，放入西红柿，浸泡几分钟。用手搓洗西红柿表面，并摘除蒂头，用清水冲洗 2～3 遍，沥干水分即可。

果蔬清洁剂清洗法：在洗菜盆里注入清水和少量的果蔬清洁剂搅匀，将西红柿放入水中，用手搓洗西红柿表面，再用清水多次冲洗，沥干水分即可。

认识这位蔬菜朋友

西红柿最早出现在南美洲的安第斯山脉，因为色彩鲜艳，所以人们视之为"狐狸的果实"，又称狼桃，只供观赏，不敢品尝，后来一位画家在画西红柿的时候，饥渴难耐，实在忍不住才吃了一个，从此西红柿才登上餐桌。西方人称它为番茄，传入中国后，因为跟我国的柿子外形相似，所以我们称之为"西红柿"。

能喝的西红柿

西红柿草莓汁

材料

西红柿 170 克

草莓 100 克

蜂蜜适量

纯净水 100 毫升

做法

1. 将洗净的草莓去蒂，对半切开；西红柿洗净，切成小块。

2. 将西红柿块、草莓块放入榨汁机，倒入纯净水、蜂蜜，榨成汁即可。

温馨提示

将西红柿与草莓搭配，榨出来的蔬果汁颜色很漂亮，蜂蜜的加入让味道更好，是很容易让孩子喜欢的一款蔬果汁。

西红柿饭卷

材料

冷米饭 200 克　　洋葱 12 克

西红柿 100 克　　葱花少许

鸭蛋 20 克　　　盐 2 克

玉米粒 15 克　　食用油适量

胡萝卜 15 克

做法

1. 将胡萝卜洗净，切粒；洋葱洗净，切粒；西红柿去皮，切丁。

2. 锅中加入适量清水烧开，倒入洗净的玉米粒，断生后捞出。

3. 取一只碗，打入鸭蛋，加入盐搅匀打散，倒入葱花,搅匀成鸭蛋液。热锅加入食用油，倒入洋葱粒、

4. 胡萝卜粒、玉米粒、西红柿丁，炒匀。

5. 加入盐调味，倒入冷米饭，快速炒匀，盛盘。

6. 煎锅中加入食用油烧热，倒入拌好的鸭蛋液，煎成蛋饼。

7. 将炒好的米饭铺在蛋饼上，卷成卷后，切成小段装入盘中即可。

温馨提示

蛋皮包裹着各色的食材，好看、美味又营养。

丝瓜 · 我有消火气的功能

丝瓜，葫芦科一年生攀援藤，是人们常吃的蔬菜。丝瓜中含防止皮肤老化的 B 族维生素，能保护皮肤、消除斑块，使皮肤洁白、细嫩。丝瓜还适合火气大或者中暑感冒的孩子食用。

挑选棒棒的蔬菜

观外形

应以身长柔软为上。头小尾大，瓜身硬挺，弯曲者必是过于成熟，质地变粗硬且食味不佳。

看颜色

表皮应为嫩绿色或淡绿色，若皮色枯黄，则该瓜过熟而不能食用。

摸软硬

摸摸丝瓜的外皮，应挑外皮细嫩些的，不要太粗，因为硬硬的丝瓜很有可能是苦的。

保持蔬菜的新鲜

通风储存法：丝瓜不宜久藏，可先切去蒂头，再用纸包起来放到阴凉通风的地方。切去蒂头可以延缓其老化，包纸可以避免水分流失，最好在 2 ~ 3 天内吃完。

冰箱冷藏法：丝瓜买回家如果没有马上食用，可用保鲜膜包好，再放入冰箱冷藏，可保存一个星期。

让蔬菜变干净

食盐清洗法：先将丝瓜浸泡在淡盐水中 15 ~ 20 分钟，用流水冲洗之后再削去丝瓜皮，之后用流水再冲洗一遍，沥干水分即可。

淘米水清洗法：将丝瓜浸泡在淘米水中 10 分钟左右，用流水冲洗干净之后再削皮，再用流水冲洗干净即可。

认识这位蔬菜朋友

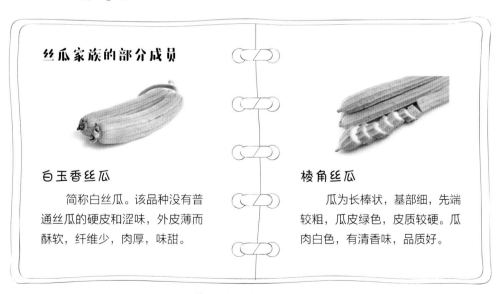

丝瓜家族的部分成员

白玉香丝瓜

　　简称白丝瓜。该品种没有普通丝瓜的硬皮和涩味，外皮薄而酥软，纤维少，肉厚，味甜。

棱角丝瓜

　　瓜为长棒状，基部细，先端较粗，瓜皮绿色，皮质较硬。瓜肉白色，有清香味，品质好。

松仁来增香

松仁炒丝瓜

 材料

丝瓜 90 克

胡萝卜片 50 克

松仁 12 克

姜末、蒜末各少许

盐 2 克

食用油适量

 做法

1. 将洗净的丝瓜去皮，切成小块。

2. 锅中注入适量清水，用大火烧开，加入适量食用油，放入洗净的胡萝卜片、丝瓜块，煮至断生。

3. 捞出焯煮好的胡萝卜和丝瓜，沥干水分待用。

4. 用油起锅，倒入姜末、蒜末、松仁，爆香。

5. 倒入胡萝卜和丝瓜，拌炒一会儿，加入适量盐，快速炒匀至全部食材入味。

6. 起锅，将炒好的菜肴盛入盘中即可。

 **温馨提示**

　　松仁与丝瓜一起翻炒，其独特的香味浸入丝瓜中，为其增香；而且软软的丝瓜与香脆的松仁一起吃，口感很好；胡萝卜的加入也为菜品增添了色彩与营养。

鲜美无比

丝瓜焗蛤蜊

 材料

丝瓜 1 根

蛤蜊 12 只

红椒 1 个

葱末、姜末、蒜末、橄榄油、蚝油
各适量

盐 3 克

 做法

1. 把洗净的蛤蜊放入淡盐水中浸泡
   20 分钟，让蛤蜊把沙吐出。

2. 丝瓜去皮，切成约 4 厘米的长条，
   放在淡盐水中浸泡；红椒洗净去
   籽，切成丝瓜条一样的长条状。

3. 把丝瓜、蛤蜊、红椒、葱末、姜
   末、蒜末倒入大碗中，再加入盐、
   蚝油、橄榄油搅拌。

4. 把搅拌均匀的丝瓜、蛤蜊铺放在
   一张大锡纸上，再紧捏收口，做
   成一个封闭的容器。

5. 待烤箱预热到 180℃时，放入烤
   箱中烤 20 分钟左右即可。

 **温馨提示**

蛤蜊的鲜美与丝瓜的清爽相融
合，烤出独特的美味。

苦瓜 · 和我做朋友吧

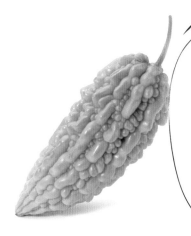

一提起苦瓜，想必孩子的小脸会立马变作"苦瓜脸"。说起苦瓜，别提小孩子不喜欢了，许多大人也会皱起眉头，但它含有丰富的营养，尤其是维生素 C 的含量丰富。苦瓜具有清热消暑、养血益气、预防坏血病等功效。在夏天的时候孩子易长痱子，将苦瓜切片拭擦身上的痱子，可有效消除痱子哦。

挑选棒棒的蔬菜

购买苦瓜时，可根据外形、颜色、重量来判断其品质优劣。

观外形

应选择表皮完整、无病虫害、有光泽、头厚尾尖，纹路分布直立、深而均匀的苦瓜。纹路密的苦瓜苦味浓，而纹路宽的苦瓜苦味淡。

闻气味

苦瓜越苦，说明其营养价值越高。苦瓜以绿色和浓绿色品种的苦味最浓，绿白色次之。

掂重量

若挑选适宜生吃的苦瓜，则选择重量在 500 克左右的最好，一般不会太苦。

保持蔬菜的新鲜

冰箱冷藏法： 苦瓜不耐保存，用保鲜袋装好，放冰箱中存放，不宜超过 2 天。

焯烫储存法： 苦瓜切片，焯水去苦味，晾凉，保鲜膜包住放冰箱冷藏。

包裹储存法： 以纸类或保鲜膜包裹储存，除可减少瓜果表面水分散失外，还可保护瓜的品质。

让蔬菜变干净

食盐清洗法： 将苦瓜放入盆里，倒入适量的清水和食盐搅匀，将苦瓜浸泡 10 ～ 15 分钟。用毛刷刷洗苦瓜表面，冲洗干净后沥水即可。

果蔬清洁剂清洗法： 将苦瓜放在盆中，注入清水，加入适量的果蔬清洁剂，将苦瓜浸泡 10 分钟左右后用清水冲洗干净，沥干水即可。

认识这位蔬菜朋友

苦瓜原产于东印度热带地区，现在在我国栽培较普遍。苦瓜在 17 世纪时传入欧洲，作观赏用。明代朱橚的《救荒本草》中已有苦瓜的记载。在民间传说中，苦瓜有一种"不传己苦与他物"的品质，就是与任何菜，与鱼、肉等同炒同煮，绝不会把苦味传给对方，所以有人说苦瓜"有君子之德，有君子之功"，被誉为"君子菜"。

苦与甜的碰撞

苦瓜汁

 材料

苦瓜 100 克

柳橙汁 120 毫升

白糖 10 克

纯净水适量

 做法

1. 将苦瓜切小丁，备用。

2. 在榨汁机内放入苦瓜丁，倒入柳橙汁。

3. 倒入少许纯净水，撒上适量白糖，盖好榨汁机盖。

4. 选择"榨汁"功能，榨取蔬果汁。

5. 断电后倒出苦瓜汁，装入杯中即可。

 温馨提示

　　柳橙汁与白糖的加入，能很好地中和苦瓜的苦味，孩子再也不用怕它苦苦的味道了。

虾米来搭配

燕麦苦瓜酿

 材料

燕麦片 30 克

苦瓜 160 克

猪肉馅 30 克

鲜香菇 20 克

虾米 15 克

干贝 15 克

豆瓣酱、水淀粉各适量

 做法

1. 将鲜香菇切末；苦瓜洗净切等
   长段，去籽，制成苦瓜盅。

2. 干贝、虾米加清水泡发 10 分
   钟后切碎。

3. 碗中倒入肉馅、香菇末、燕麦
   片、干贝、虾米和豆瓣酱搅拌，
   过程中加适量清水拌至黏稠。

4. 将拌匀的肉馅放入苦瓜盅里，
   然后放入烧热的蒸锅中蒸约 8
   分钟。

5. 另起锅，倒入苦瓜汤汁，加水和
   水淀粉煮沸勾芡，盛出浇在苦瓜
   上即可。

 温馨提示

这道菜特别的造型能够吸引小朋
友，肉馅中还加入了切碎的干贝、虾
米，味道更香。

南瓜 · 童话里灰姑娘的南瓜车

南瓜，葫芦科南瓜属的一个种，一年生蔓生草本植物。南瓜含有丰富的胡萝卜素和维生素C，可以健脾、预防胃炎、防治夜盲症，能使皮肤变得细嫩，还可以帮助我们促进肠胃蠕动，帮助食物消化。南瓜中含有丰富的微量元素锌，是人体生长发育的重要物质，可以促进造血，有利于孩子的成长。

挑选棒棒的蔬菜

观外形

选南瓜时，表面略有白霜，梗部新鲜坚硬的南瓜又面又甜。

看颜色

选购时以新鲜、果肉呈金黄色为佳。如果表面出现黑点，代表内部品质有问题，就不宜购买。

掂重量

选购时，同样大小体积的南瓜，要挑选较为重实的为佳。

保持蔬菜的新鲜

通风储存法： 一般完整的南瓜放置在阴凉处可存放长达 1 个月左右。

冰箱冷藏法： 南瓜切开后容易从心部变质，最好用汤匙把内部掏空，再用保鲜膜包好，放入冰箱冷藏，可以存放 5 ~ 6 天。

食盐保存法： 在切开的南瓜的切口边上涂上盐，保存效果更佳，这样南瓜不仅一个星期不会烂，而且水分也不流失。

让蔬菜变干净

去皮清洗法: 将整个南瓜一分为二,将分好的南瓜切去南瓜蒂。用小勺挖去瓜瓤,最后放在盆中用清水冲洗干净,沥干水即可。

淀粉清洗法： 可在浸泡南瓜的清水里放一点淀粉，浸泡 10 ~ 15 分钟，捞出后用流水冲洗干净即可。

认识这位蔬菜朋友

南瓜原产于美洲，距今已有九千年的历史。五百年前哥伦布发现了美洲，并把南瓜带回了欧洲，后来被葡萄牙人引种到日本和东南亚等地。明代时，南瓜传入中国，在中国江南地区，每逢立春家家吃南瓜，以示迎春。南瓜的体积可以长得很大，所以有些国家会举办南瓜大赛，曾经有个美国人种出了八百多千克的大南瓜！

冰冰凉凉

南瓜冰沙

材料

南瓜 120 克

冰块、冰糖各适量

做法

1. 将南瓜去皮洗净，切成块。

2. 将南瓜放入微波炉，加热 5 分钟至熟软，取出，压成泥，放凉待用。

3. 把南瓜泥倒入冰沙机中，加入冰块、冰糖，按下启动键将食材搅打成冰沙。

4. 将打好的冰沙倒入杯中即可。

温馨提示

　　把南瓜做成冰沙，甜甜的冰爽滋味，小朋友很容易就会喜欢；注意冰块不要用自来水制作，要用可饮用的凉白开水。

浓浓的香味

南瓜浓露

 材料

南瓜 300 克

洋葱 160 克

芹菜 5 克

味噌 10 克

黑胡椒粉少许

椰子油 3 毫升

盐 2 克

 做法

1. 将南瓜去瓤，去皮，洗净切块；洋葱洗净切条；芹菜洗净切末。

2. 炒锅置火上，放入椰子油，倒入南瓜块，炒约 1 分钟。

3. 加入洋葱条，炒至边缘透明，加入适量清水，加盖，用大火煮开后转小火焖 5 分钟至食材熟软；倒入芹菜末、味噌拌匀，调入盐，煮约 2 分钟，煮至汤味浓郁。

4. 榨汁机中倒入放凉的汤品，盖上盖，榨约 30 秒，榨成浓汤汁。

5. 将榨好的浓汤汁倒入碗中，撒上黑胡椒粉即可。

温馨提示

将南瓜做成浓汤汁，里面还有香香的椰子油味道，很好吃。

PART 6

菌菇类

菌菇类食物不仅味道鲜美，而且营养丰富，所含的蛋白质、脂肪和多种维生素及矿物质，都是保持人体健康所必不可少的，可防治疾病，特别是对儿童的智力发育有重要的作用。

香菇 · 我是香香的"山珍"

香菇又名冬菇，是一种食用真菌，也是世界第二大食用菌，在民间素有"山珍"之称。它含有多种维生素、矿物质，氨基酸含量也很丰富，既能提高机体免疫功能，又对治疗消化不良、便秘具有较好功效。

挑选棒棒的蔬菜

购买香菇时，可根据外形、颜色、软硬来判断其品质优劣。

观外形

看形态和色泽以及有无霉烂、虫蛀现象。香菇一般以体圆齐整，杂质含量少，菌伞肥厚，盖面平滑为好。

看颜色

菇面向内微卷曲并有花纹，颜色乌润，菇底白色的为最佳。

摸软硬

选购干香菇时应选择水分含量较少的。

保持蔬菜的新鲜

通风储存法：鲜香菇建议即买即食。干香菇放在干燥、阴凉、通风处可以长期保存。

冰箱冷藏法：新鲜香菇如果吃不完，用保鲜袋装好，放入冰箱冷藏室，可保存一周左右。

让蔬菜变干净

干香菇要完全泡发，将香菇放入大碗中，倒入温水，泡发约需 15 ~ 20 分钟。加入适量淀粉，用手搓洗香菇，再用清水清洗，沥干即可。

鲜香菇的清洗：将鲜香菇倒入温水中浸泡 10 分钟，然后用手顺时针搅拌，让香菇的菌摺张开，沙粒会沉入水底，再将香菇捞出来，用清水冲洗即可。

认识这位蔬菜朋友

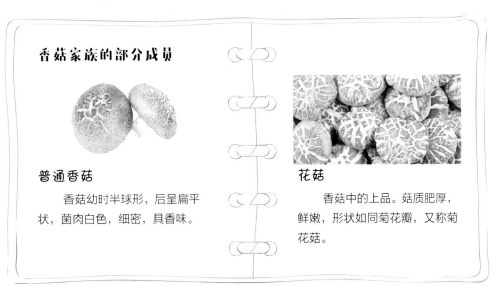

香菇家族的部分成员

普通香菇

香菇幼时半球形，后呈扁平状，菌肉白色，细密，具香味。

花菇

香菇中的上品。菇质肥厚，鲜嫩，形状如同菊花瓣，又称菊花菇。

与米饭搭档

香菇大米粥

材料

水发大米 120 克

鲜香菇 30 克

盐 1 克

食用油适量

做法

1. 洗好的香菇切成丝，改切成粒，备用。

2. 锅中注入适量清水烧开，倒入洗净的大米，搅拌均匀。

3. 盖上锅盖，烧开后用小火煮约 30 分钟至大米熟软。

4. 揭开锅盖，倒入香菇粒，搅拌匀，煮至断生。

5. 加入少许盐、食用油，搅拌片刻至食材入味，装入碗中，

　　待稍微放凉即可食用。

温馨提示

　　香菇的特殊美味为米饭增香，被切成粒的香菇混合在米饭中，让孩子用勺子舀着吃，米饭包裹着香菇一起吃进去。

做一个香菇碗

香菇酿肉

 材料

肉末 100 克

香菇 75 克

枸杞 5 克

食用油 3 毫升

姜末、盐、生粉各适量

 做法

1. 将肉末、姜末、盐、生粉、食用油倒入碗中，拌匀，制成肉馅。

2. 锅中注水烧开，放入少许盐，倒入洗净的香菇焯水，捞出备用。

3. 将香菇沥干水分，在菌盖的褶皱处抹上生粉。

4. 放上肉馅捏紧，摆在蒸盘中，撒上洗净的枸杞，酿制好。

5. 蒸锅上火烧开，放入蒸盘，蒸约8分钟，出锅即可。

温馨提示

把香菇当作器皿，将肉馅装在"香菇碗"中，造型可爱独特，营养丰富。

口蘑 · 我的身体很厚实

口蘑别名双孢菇，是口蘑科口蘑属植物。口蘑蛋白质含量高，并含有丰富的维生素 B_1、维生素 B_2、维生素 P 等营养成分。口蘑气味极清香，味道鲜美。口蘑中的硒含量仅次于灵芝中的硒含量，易于被人体吸收；丰富的植物纤维具有防止便秘、促进排毒的功效。

挑选棒棒的蔬菜

选购口蘑时，可根据外形、气味、重量来判断其品质优劣。

观外形

口蘑的外表面要结构完整。菌盖没有完全打开，或打开后没有破裂凋谢的为佳。

闻气味

如果有发酸的味道就不要选购了，这是经过处理的。

掂重量

品质优良的口蘑，不应该含有太多的水分。购买的时候要用手掂一掂，或者捏一捏，特别沉的往往被添加了水分，这样的口蘑不仅营养流失严重，还特别不易保存。

保持蔬菜的新鲜

通风储存法：把新鲜口蘑平摊到报纸上，置于阴凉处晾干储存。
冰箱冷藏法：口蘑应用保鲜袋装好，直接放入在冰箱冷藏室保存。

让蔬菜变干净

口蘑可用盐水浸泡，把口蘑放在盛有清水的大碗里，加一勺食盐搅拌，浸泡5分钟，去除泥沙和杂质，之后将口蘑捞出，再用清水冲洗即可。

认识这位蔬菜朋友

口蘑的小故事：有一位专门卖口蘑的商人坐轮船南行，海中的鱼绕船而游。船老板担心鱼群过多会造成翻船事故，出重金在旅客中求驱赶鱼群的良策。这个商人见此机会可以赚钱，将口蘑说成是鱼群追逐的对象，船老板于是以高价买下商人的口蘑并抛入海中，果然，鱼群都因追逐随波漂流的口蘑渐渐散去。

可与米饭搭档

口蘑鸡蛋小吐司

材料

口蘑 5 个

吐司 2 片

鸡蛋 2 个

西红柿 1 个

盐、橄榄油各适量

做法

1. 西红柿洗净切丁；口蘑洗净，切成片，放入油锅中，煎熟备用。

2. 吐司切成四方片；将鸡蛋打散，放入少许盐调味。

3. 将吐司片均匀裹上鸡蛋液，放入煎锅中，煎至两面金黄。

4. 盛出摆在盘中，每块吐司片上放两片口蘑、西红柿丁即可。

温馨提示

独特可爱的造型能引起孩子的兴趣。

有特别的奶香

蘑菇浓汤

材料

口蘑 65 克	鲜奶油 55 克
奶酪 20 克	盐、鸡汁各少许
黄油 10 克	芝麻油、食用油
面粉 12 克	各适量

做法

1. 将洗净的口蘑去蒂，切成小丁块。

2. 锅中注水烧开，加盐，倒入切好的口蘑，焯熟后捞出，备用。

3. 炒锅注油烧热，倒入黄油，煮至溶化，放入面粉，加适量水拌匀。

4. 倒入口蘑，加鸡汁拌匀，煮至沸腾。

5. 放入奶酪拌匀，煮至溶化，加入盐调味，倒入鲜奶油，煮至黏稠状，淋入芝麻油拌匀。

6. 关火后盛出煮好的食材，装入碗中即可。

温馨提示

奶制品的加入，使菜品具有让孩子喜欢的奶香味。

金针菇 · 我是高智商的"智力菇"

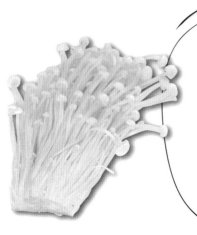

金针菇别名冬蘑，是白蘑科金针菇属植物。金针菇营养丰富，清香扑鼻。金针菇含人体必需氨基酸成分较全，可促进新陈代谢，提高免疫力。金针菇含锌量高，能促进儿童智力和生长发育，所以有"智力菇"的美誉。这种能健脑益智的蔬菜快快上桌吧！

挑选棒棒的蔬菜

选购金针菇时，可根据外形、颜色、气味来判断其品质优劣。

观外形

品质好的金针菇菌盖中央较边缘稍深，菌柄上浅下深。

看颜色

品质良好的金针菇，颜色应该是淡黄至黄褐色，或乳白色，且颜色均匀、鲜亮。

闻气味

没有原有的清香而有异味的，可能是经过熏、漂、染或用添加剂处理过的，这种金针菇不宜购买。

保持蔬菜的新鲜

冰箱冷藏法：用保鲜膜封好，放置在冰箱中，可存放一周。

焯烫储存法：用热水烫一下，再放在冷水里泡凉，然后冷藏，可以保持原有的风味。

让蔬菜变干净

食盐清洗法：去根，一根根分开，放入盐水中浸泡 15 分钟，捞出后用清水漂净。

淘米水清洗法：把根切掉，用淘米水浸泡一会儿，将其一根根分开，再用清水洗两遍就可以了。

认识这位蔬菜朋友

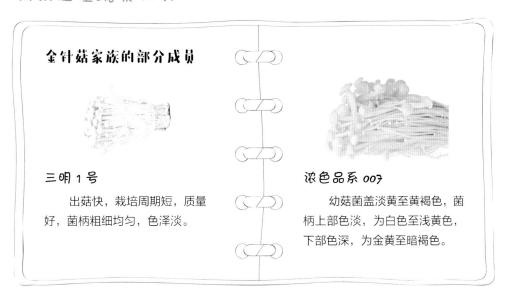

金针菇家族的部分成员

三明 1 号

出菇快，栽培周期短，质量好，菌柄粗细均匀，色泽淡。

浓色品系 007

幼菇菌盖淡黄至黄褐色，菌柄上部色淡，为白色至浅黄色，下部色深，为金黄至暗褐色。

金针菇冬瓜汤

 材料

金针菇 60 克

冬瓜 80 克

姜片少许

葱花 2 克

盐 2 克

食用油 4 毫升

 做法

1. 冬瓜去皮，洗净，切小块；金针菇洗净，备用。

2. 锅中注水烧开，淋入食用油，加少许盐，拌匀调味。再放入冬瓜块、姜片，搅匀。盖上盖，煮约 2 分钟至七成熟。揭

3. 盖放入金针菇，盖上盖，煮约 7 分钟至熟。

4. 揭盖，加少许盐，拌煮片刻至食材入味；关火后盛出煮好的汤，撒上葱花即可。

温馨提示

金针菇与冬瓜一起煮汤，点缀上绿色的葱花，是一道很适合小朋友喝的蔬菜汤。

三文鱼金针菇卷

 材料

三文鱼 80 克

金针菇 30 克

芥菜 30 克

蛋清 30 克

盐适量

食用油 4 毫升

 做法

1. 芥菜洗净，切去根部，放入沸水中焯煮 1 分钟，捞出过凉；将蛋清搅匀制成蛋液，待用。

2. 处理干净的三文鱼切成薄片，装在碗中，加盐搅匀，腌渍 15 分钟至入味。

3. 铺平鱼片，抹上蛋液，放上金针菇，卷成卷，用蛋液涂抹封口，制成鱼卷生坯，备用。

4. 煎锅置于火上，放入食用油、鱼卷，煎至熟透盛出，摆在芥菜上即可。

 **温馨提示**

　　用三文鱼来包裹金针菇，制成金针菇卷，再搭配芥菜，这样的组合可是营养又美味呢!

草菇 · 颜色盖不住的美味

草菇又名兰花菇，是一种重要的热带亚热带菇类，素有"放一片，香一锅"的美誉。草菇富含维生素 C，可促进人体新陈代谢，提高机体免疫力，增强抗病能力。草菇含有大量多种维生素，能滋补开胃。孩子不爱吃饭？那先吃点草菇吧。

挑选棒棒的蔬菜

观外形

应选择新鲜幼嫩，螺旋形，菇体完整，不开伞，不松身，无霉烂，无破裂，无机械伤的草菇。

看颜色

草菇颜色有褐色和白色两种，切忌选择发黄的草菇。

闻气味

可闻闻有无异味，有异味的不要买。

保持蔬菜的新鲜

通风储存法：鲜草菇在 14℃ ~ 16℃条件下可保存 1 ~ 2 天，所以可放在阴凉通风的地方保存。

冰箱冷藏法：鲜草菇可用保鲜膜封好，放置在冰箱冷藏室中，可保存 1 周左右。

淡盐水保存法：将鲜草菇削根洗净后放入加了盐的开水锅中，沸腾 2 ~ 3 分钟后捞起降温，再放入冰箱，可保存 5 天左右。

让蔬菜变干净

食盐清洗法：将草菇冲洗一下，放在大碗里，注入适量清水，加一勺盐，浸泡 5 分钟后清洗草菇，捞出后再用清水冲洗，沥干水分即可。

淀粉清洗法：将草菇放入有温水的大碗中，泡发 15 ~ 20 分钟。清洗后捞出，放进另一个有淀粉和清水的碗里，搅拌均匀。用手指搓洗草菇后用清水冲洗，沥干即可。

认识这位蔬菜朋友

草菇起源于广东韶关的南华寺中，它是生长在南方腐烂禾草上的一种野生食用菌，由南华寺僧人首先采摘食用。它还有个特别的名字叫"美味包脚菇"。

草菇烩芦笋

 材料

芦笋 170 克

草菇 85 克

胡萝卜片、姜片、

蒜末、葱白、水淀

粉、食用油各少许

盐 2 克

蚝油 2 毫升

 做法

1. 将草菇洗净,切小块;芦笋洗净,去皮,切段。

2. 锅中注清水烧开,放入盐、食用油,倒入草菇,煮约半分钟后捞出,沥干水分。

3. 再倒入芦笋段拌匀,续煮约半分钟后捞出。

4. 用油起锅,倒入胡萝卜片、姜片、蒜末、葱白爆香。

5. 倒入焯好的食材,加蚝油炒香。

6. 加盐翻炒,倒入水淀粉勾芡,盛出即可。

温馨提示

在菜品中加入了芦笋和胡萝卜,能很好地提色,可促进孩子的食欲。

草菇花菜炒肉丝

材料

草菇 70 克

花菜 60 克

猪瘦肉 80 克

红彩椒 20 克

盐 3 克

料酒 8 毫升

蚝油、食用油各适量

做法

1. 草菇洗净后对半切开；红彩椒洗净切丝；花菜洗净切小朵。

2. 分别将草菇、花菜焯水，捞出沥干备用。

3. 猪瘦肉洗净切丝，用盐、料酒腌渍 10 分钟。

4. 锅中烧热油，倒入肉丝，炒至变色。

5. 放入蚝油，倒入焯过水的草菇和花菜，加入红彩椒丝，翻炒。

6. 加盐炒至食材入味即可。

温馨提示

加入花菜和肉丝，让这道菜更加丰富和营养了。

茶树菇 · 来自民间的"神菇"

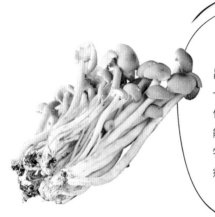

茶树菇又叫茶薪菇，原为江西广昌境内高山密林地区茶树蔸部生长的一种野生蕈菌，其含有高蛋白，营养价值超过香菇等其他食用菌。茶树菇能提高人体免疫力，且对肾虚尿频，特别是孩子的低热尿床，有独特的食疗效果呢，所以民间称之为"神菇"。

挑选棒棒的蔬菜

观外形

挑选茶树菇时，如果大小很不一致，就意味着这些茶树菇不是一个生长期的，也就是说，这里面掺有陈年的茶树菇了。粗大的，杆色比较淡，颜色偏白的也不行，稍微偏棕色一些比较好。

闻气味

闻一闻茶树菇是否有本身的清香味，如果闻起来有霉味则不要购买。

保持蔬菜的新鲜

通风储存法：先将茶树菇包一层纸，再放入保鲜袋，置于阴凉通风干燥处即可。

冰箱冷藏法：用保鲜袋将茶树菇装起来，放入冰箱冷藏。注意，要经常拿出来通通风，否则容易霉变。如果是干茶树菇，则可以保存数月。

让蔬菜变干净

食盐清洗法： 新鲜茶树菇先用清水泡 5 ~ 10 分钟，再用清水冲 2 遍，之后再用淡盐水泡 10 分钟左右，再冲洗一遍就可以了。

温水清洗法： 干茶树菇要先用温水泡发，去除伞茎里的杂质，建议换水两次清洗。

认识这位蔬菜朋友

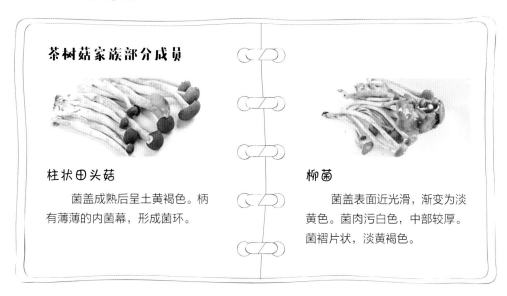

茶树菇家族部分成员

柱状田头菇

菌盖成熟后呈土黄褐色。柄有薄薄的内菌幕，形成菌环。

柳菌

菌盖表面近光滑，渐变为淡黄色。菌肉污白色，中部较厚。菌褶片状，淡黄褐色。

炸出的好味道

肉丁爆鲜茶树菇

材料

茶树菇 150 克

猪肉 150 克

绿彩椒、红彩椒各 50 克

盐 2 克

葱段 5 克

水淀粉、食用油各适量

做法

1. 将茶树菇洗净，切段；猪肉洗净，切丁；绿彩椒、红彩椒洗净，切条，备用。

2. 水淀粉加盐搅成糊，加入猪肉丁、茶树菇拌匀。

3. 起油锅，将猪肉、茶树菇炸熟，捞出控油；锅底留少许油，加入彩椒条和炸好的猪肉、茶树菇及葱段略炒，盛盘即可。

温馨提示

油炸出的香味很容易让孩子喜欢，再加上彩椒为其增味，就更香了。

菇香与肉香融合

茶树菇炒鸡丝

材料

茶树菇 200 克　　盐 3 克

鸡肉 180 克　　　料酒 6 毫升

鸡蛋清 50 克　　　白胡椒粉 2 克

红彩椒 25 克　　　水淀粉 6 毫升

青彩椒 25 克　　　白糖 2 克

葱段、蒜末、　　　食用油适量

姜片各少许

做法

1. 将茶树菇洗净；红彩椒、青
   彩椒洗净切小条；鸡肉洗净
   切丝，装碗，加盐、料酒、
   白胡椒粉、鸡蛋清、水淀粉、
   食用油，腌渍 10 分钟。

2. 锅中注水烧开，倒入茶树菇，汆煮去杂质，捞出。

3. 热锅注油烧热，倒入鸡肉丝，炒至转色；倒入姜片、蒜末，炒香；倒入茶树菇，淋
   入清水翻炒。

4. 加入盐、白糖，炒匀调味；倒入青彩椒、红彩椒，快速翻炒匀。

5. 淋入水淀粉勾芡，放入葱段炒香即可。

温馨提示

鸡丝的香味让这道菜香喷喷的，和茶树菇的香味融合，好吃又
营养。

鸡腿菇 · 和鸡腿好像双胞胎

鸡腿菇是鸡腿蘑的俗称，因其形如鸡腿，肉质肉味似鸡丝而得名。鸡腿菇富含蛋白质，能提高人体免疫力；富含纤维素，可促进肠壁蠕动，有助于消化；含有多种氨基酸和维生素，能调节新陈代谢。拥有鸡腿的美味和健康，又避免油腻，不妨给孩子做一顿鸡腿菇吧。

挑选棒棒的蔬菜

宜选择个体完整、无虫蛀、无异味的鸡腿菇。

保持蔬菜的新鲜

冰箱冷藏法：如果数量不多，可将鲜菇根部的杂物除净，放入淡盐水中浸泡10～15分钟，捞出沥干，再装入保鲜袋中，放入冰箱冷藏室，可保鲜一星期。

容器储存法：如果贮存数量较多，可先将鲜菇晾晒一下，然后放入非铁质容器中叠加贮存。

让蔬菜变干净

食盐清洗法：将鸡腿菇放入淡盐水中漂洗，洗去菇体表面的杂质，之后再用清水冲洗两遍即可。

淀粉清洗法：将鸡腿菇放入盛放清水的容器中，之后放入适量淀粉，用手轻轻揉搓菇体表面，再用流水冲洗干净即可。

认识这位蔬菜朋友

鸡腿菇家族的部分成员

宫丰 1 号鸡腿菇

子实体丛生或单生，白色，形状似鸡大腿。菌丝生长速度快，出菇早。

泰山 -2 鸡腿菇

菌丝体较密集、灰白色，菌丝少。子实体单生或群生，中粒。菌柄白色，有丝状光泽。

菇与肉的结合

煎酿鸡腿菇

材料

鸡腿菇 150 克

肉末 90 克

姜片 15 克

葱段 10 克

葱花少许

盐 3 克

白糖、生抽、淀粉各适量

 做法

1. 将鸡腿菇洗净，切长方形片。

2. 锅中注水烧开，倒入鸡腿菇焯熟，
   捞出沥干水备用。

3. 往肉末中加入盐、白糖、生抽拌匀，
   腌渍 10 分钟。

4. 在盘内均匀地拍上淀粉，放上鸡腿
   菇，再均匀地撒上淀粉。

5. 将腌好的肉末分成多份，每片鸡腿
   菇上放适量的肉末。

6. 热锅中注油，放入盐、葱段、姜片
   爆香，肉末朝下，放入酿好的鸡腿
   菇，煎至焦黄，翻面再煎片刻，盛
   出摆盘。

7. 最后撒上葱花即可。

4

5

6

 **温馨提示**

　　这道菜品的造型特别，可以
在视觉上吸引小朋友，肉的鲜美搭
配鸡腿菇的香味，好看又好吃。

营养又鲜美

排骨炖鸡腿菇

材料

鸡腿菇 150 克

排骨 150 克

红枣 20 克

葱花少许

姜片、盐各适量

做法

1. 将鸡腿菇洗净切成块；排骨洗净砍成小段；红枣洗净。

2. 将排骨段放入沸水中焯去血水捞出。

3. 锅中注入适量水烧开，先下入姜片、排骨、红枣煲 40 分钟。

4. 再下入鸡腿菇煲 10 分钟后，加入盐拌匀调味，撒入少许葱花即可。

**温馨提示**

　　鲜美的滋味会让孩子喜欢上这道汤品，红枣的加入也为其增添了一丝清甜。

黑木耳 ·看，像不像耳朵

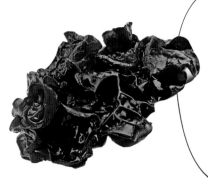

黑木耳别名树耳，是木耳科木耳属植物。黑木耳自古以来就是圣品，富含多种营养成分，特别是铁含量高，可防治儿童缺铁性贫血。黑木耳能维持体内凝血因子的正常水平，防止出血。黑木耳富含纤维素，经常食用，不仅有清胃涤肠的功效，还能增强人体免疫力呢。

挑选棒棒的蔬菜

观外形

优质的黑木耳干制前耳大肉厚，长势坚挺有弹性。干制后整耳收缩均匀，干薄完整，手感轻盈，拗折脆断，互不黏结。

看颜色

品质良好的黑木耳，耳面乌黑光亮，耳背稍呈现灰暗。

闻气味

优质黑木耳有清香气，口感纯正无异味。

买来的黑木耳一时吃不完，可以采取通风储存法、冰箱冷藏法来保存。

通风储存法： 黑木耳应放在通风、透气、干燥、凉爽的地方保存，避免阳光长时间照射。

冰箱冷藏法： 用保鲜袋封严，放入冰箱冷藏室冷藏保存。

让蔬菜变干净

食盐清洗法： 剪掉黑木耳根部杂物，然后放入加有少量盐的清水中，洗掉杂质即可。

淘米水清洗法： 清洗黑木耳时，先将黑木耳放在淘米水中浸泡 30 分钟左右，然后放入清水中漂洗，沙粒也极易除去。

认识这位蔬菜朋友

黑木耳家族的部分成员

毛木耳

子实体胶质，浅圆盘形，耳形呈不规则形状。背面长满黄色绒毛，叶片较厚。

琥珀褐木耳

子实体一般较小，平伏耳片状，有褐色、粉色两种颜色，薄而透明。背面有绒毛。

嫩滑加爽脆

木耳枸杞蒸蛋

材料

鸡蛋 2 个

黑木耳 1 朵

水发枸杞少许

盐 2 克

做法

1. 将洗净的黑木耳切粗条，再切成块。

2. 取一个碗，打入鸡蛋，加入盐，搅散。

3. 倒入适量温水，加入黑木耳，拌匀，蒸锅注入适量清水烧开，放上碗。

4. 加盖，中火蒸 10 分钟至熟，揭盖，关火后取出蒸好的鸡蛋，放上枸杞即可。

温馨提示

　　用温水能使鸡蛋更加嫩滑，与黑木耳一起吃又滑又爽脆，枸杞能为菜品增添色彩。

融入香喷喷的粥里

鸡蛋木耳粥

材料

水发木耳 15 克

蛋液 40 克

大米 200 克

菠菜 10 克

盐 2 克

做法

1. 砂锅中注入清水烧开，倒入洗净的大米，搅匀，煮 40 分钟。

2. 将蛋液倒入碗中，搅散、调匀，制成蛋液。将菠菜洗净，切小段。

3. 加入木耳、盐、菠菜、蛋液，拌匀，将煮熟的粥盛出，装入碗中即可。

温馨提示

将木耳融合到粥里，孩子舀起一大勺一口吃掉，美味又营养。

银耳·一朵一朵像花儿一样

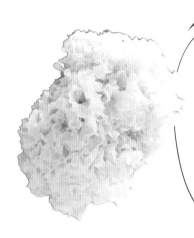

银耳又名雪耳，属于真菌类，有"菌中之冠"的美称，夏、秋季生于阔叶树腐木上。银耳富含维生素 D，能促进人体对钙的吸收。其氨基酸含量及种类丰富，可增强人体免疫力。银耳还富含膳食纤维，可促进肠道蠕动，加速脂肪分解，能有效预防儿童肥胖。

挑选棒棒的蔬菜

选购银耳时，要注意其品质优劣。

观外形

优质银耳耳花大而松散，耳肉肥厚，朵形较圆整，大而美观。如果朵形不全，呈残状，蒂间不干净，则表明质量差。

看颜色

银耳的色泽应当呈白色或微黄，蒂头无黑斑或杂质。如果耳身呈黄色，一般是受潮后烘干的。

闻气味

银耳受潮会发霉变质，如能闻出酸味或其他异味，则不宜购买。

摸干湿

优质银耳应是干燥的，无潮湿感。

为了更好地保存银耳，可采用通风储存法、容器储存法。

通风储存法： 干品置于阴凉通风处可长期保存，但要注意防虫蛀。

容器储存法： 银耳易受潮，可先装入瓶中密封，再放于阴凉干燥处保存。

让蔬菜变干净

银耳的清洗方法有以下两种：

食盐清洗法： 将银耳根部呈黄色的杂物剪掉，然后放入淡盐水中浸泡 15 分钟左右，再将杂质清理掉，冲洗干净，沥干水分即可。

淘米水清洗法： 先将银耳放在淘米水中浸泡 15 分钟左右，用手反复多次地抓洗，然后放入清水中漂洗，沙粒极易除去。清洗干净后沥干水分即可。

认识这位蔬菜朋友

野生银耳数量稀少，在古代属于名贵补品。现在，银耳不但可用段木栽培，而且可利用木屑、甘蔗渣、棉籽壳等农副产品为主要原料，适当添加一些麦皮、米糠、石膏等为辅助原料，进行室内瓶栽和袋栽。这样的栽培技术能有效地保护环境，维持生态系统的健康发展哦。

好看的紫色

紫薯银耳羹

 材料

水发银耳 120 克
紫薯 55 克
红薯 45 克

 做法

1. 将去皮洗净的紫薯切丁；去皮洗好的红薯切丁；洗净的银耳撕成小朵。

2. 砂锅中注入清水烧热，倒入红薯丁、紫薯丁，拌匀。

3. 煮约 20 分钟，至食材变软，加入银耳，搅散开。

4. 续煮约 10 分钟，至食材熟透，盛出煮好的银耳羹，装入碗中，待稍微冷却后即可食用。

温馨提示

　　紫薯使这道菜品的颜色亮丽好看，红薯的色彩也起到了点缀的作用；银耳的爽滑搭配上紫薯、红薯的粉甜，很容易让孩子喜欢。

木瓜银耳汤

材料

银耳 100 克

木瓜半个

莲子 50 克

红枣 5 克

枸杞 3 克

冰糖 40 克

做法

1. 将木瓜去皮，切成丁。

2. 将提前泡好的银耳切去黄色根部，
   再用手撕成小块，备用。

3. 将红枣、枸杞、莲子均提前浸水
   泡发。

4. 锅中倒入适量清水烧开，放入银
   耳，煮一会儿至沸腾，倒入泡发
   好的莲子，煮至沸腾，加入红枣。

5. 煮一会儿，再加入冰糖，搅拌均匀。

6. 倒入切好的木瓜丁，加入适量泡
   好的枸杞，煮至食材熟软入味，
   盛出装碗即可。

温馨提示

甜甜的糖水很受小朋友的喜欢，
木瓜滋润，银耳清热，好吃又健康。